装备科技译著出版基金

混响室理论及其在电磁兼容和天线测试中的应用

Reverberation Chambers
Theory and Applications to EMC and Antenna Measurements

［英］ 史蒂芬·J.博伊斯（Stephen J. Boyes） 著
　　　黄　漪（Yi Huang）

刘逸飞　贾　锐　吴　伟　王川川　译

国防工业出版社

·北京·

内 容 简 介

本书全面系统地介绍了混响室的基本理论以及在电磁兼容和天线测试领域中的应用,主要内容包括混响室基本理论、机械搅拌器的设计与性能评价、混响室在电磁兼容测试中应用、单端口天线和多端口天线性能测试、以及混响室的进一步应用和发展等。

本书有助于广大科技工作者、工程师了解混响室的基本概念、在电磁兼容和天线测试领域中研究现状和发展趋势,也可作为高等院校电磁场与微波技术、电磁兼容等专业本科生和研究生的教材或参考书目。

著作权合同登记　图字:军-2021-010号

图书在版编目(CIP)数据

混响室理论及其在电磁兼容和天线测试中的应用/(英)史蒂芬·J.博伊斯(Stephen J. Boyes),(英)黄漪(Yi Huang)著;刘逸飞等译.—北京:国防工业出版社,2023.3

书名原文:Reverberation Chambers:Theory and Applications to EMC and Antenna Measurements

ISBN 978-7-118-12729-4

Ⅰ.①混… Ⅱ.①史… ②黄… ③刘… Ⅲ.①混响室—研究 Ⅳ.①O423

中国国家版本馆 CIP 数据核字(2023)第 022307 号

Reverberation chambers:theory and application to EMC and antenna measarements Stephen J. Boyes,Yi Huang.
ISBN 978-1-118-90624-8
Copyright © 2016 by John Wiley & Sons, Inc.

All rights reserved. This translation published under license. Authorized translation from the English language edition, Published by John Wiley & Sons. No part of this book may be reproduced in any form without the written permission of the original copyrights holder.

Copies of this book sold without a Wiley sticker on the cover are unauthorized and illegal.

本书中文简体中文字版专有翻译出版权由 John Wiley & Sons, Inc. 公司授予国防工业出版社出版社。未经许可,不得以任何手段和形式复制或抄袭本书内容。

本书封底贴有 Wiley 防伪标签,无标签者不得销售。

版权所有,侵权必究。

※

国防工业出版社出版发行

(北京市海淀区紫竹院南路23号　邮政编码100048)
北京龙世杰印刷有限公司印刷
新华书店经售

开本 710×1000　1/16　插页8　印张12½　字数205千字
2023年3月第1版第1次印刷　印数1—1600册　定价118.00元

(本书如有印装错误,我社负责调换)

国防书店:(010)88540777　　书店传真:(010)88540776
发行业务:(010)88540717　　发行传真:(010)88540762

译者序

Reverberation Chambers：Theory and Applications to EMC and Antenna Measurements 一书于 2016 年出版，本书在详细介绍混响室工作原理以及搅拌器的设计与评价方法的基础上，给出了混响室在电磁兼容测试和天线测试领域的应用。相比于其他关于混响室的书籍，本书不仅具有理论完备、案例翔实、适用范围广等突出优点，而且更为简洁实用，把理论推导和工程测试做了一个非常好的平衡。既不会让人觉得晦涩难懂，也不会过于偏向工程应用。本书把混响室中的各项参数、设计原理、工程应用——进行剖析，使读者对混响室有一个非常全面客观的认识和了解，是一本对工学研究生和相关专业从业者来说非常好的参考书籍。

目前，混响室主要应用于电磁兼容测试和空间无线测试（OTA 测试）。在电磁兼容领域，混响室在屏蔽效能测试、抗扰度测试等项目上有着独特的优势。在 OTA 测试领域，混响室在带内全向总辐射功率、带外杂散辐射功率以及临带泄露等测试项目上有着广泛的应用。另外，在汽车行业和生物工程领域也有着越来越广泛的应用。混响室正以其独特的电磁环境，在各电磁测试行业发挥越来越重要的作用。然而，国内对混响室的研究起步较晚，相关理论、技术、测试方法还没有得到推广，从业者对混响室的测试结果认识不够全面，以上这些因素限制了混响室技术的应用和发展。因此，我们认为很有必要翻译并出版本书，希望本书对国内电磁测试行业的科技工作者有所帮助。

全书翻译的统筹工作由刘逸飞负责。第 1、2 章由刘逸飞翻译，第 3、4 章由贾锐翻译，第 5、6 章由吴伟翻译，第 7 章和附录由王川川翻译。全书由贾锐负责审校。

由于电磁测试领域相关理论、技术发展迅速，加上译者水平有限，书中如有疏漏和不妥之处，恳请读者不吝赐教。

译者

2022 年 4 月

作者简介

Stephen J. Boyes 博士毕业于英国利物浦大学,获得电子和通信工程学士学位(荣誉)、微电子系统和电信硕士(工程硕士)和天线/电磁学博士学位。

Stephen J. Boyes 博士在利物浦大学的学术研究和博士阶段的研究主要集中在混响室领域,重点研究通信应用中的各种天线和天线测量,包括新型织物天线、多输入多输出(multiple input multiple output,MIMO)天线和新型天线阵列。

在过去的 10 余年,除了学术工作外,Stephen J. Boyes 博士在行业工作中还担任过多种职务。2013 年,Stephen J. Boyes 博士加入英国国防科学技术实验室,现在是一名射频领域的资深科学家,领导团队对天线和电磁学进行研究。目前,他的研究方向与新型军事应用天线有关,包括穿戴式应用和车载式应用。他还领导团队进行新型频率选择表面的研究,并拥有该领域的多项专利。Stephen J. Boyes 博士在国际主要期刊和学术会议发表了多篇论文,同时也是行业内主要学术期刊的审稿人。他还代表英国参加行业内主要国际委员会。

黄漪教授不仅获得物理学学士学位(中国武汉)和微波工程专业硕士学位(中国南京),还于 1994 年获得英国牛津大学通信专业博士学位。自 1986 年以来,他一直从事无线电通信、应用电磁学、雷达和天线等领域的研究。从 1991 年开始,他对混响室理论和应用产生浓厚兴趣。他在中国南京电子技术研究所任雷达工程师 3 年,以及在不同时期任伯明翰大学、牛津大学和埃塞克斯大学的研究员,包括 1994 年在英国电信实验室担任研究员。他于 1995 年担任利物浦大学电气工程与电子系讲师,现任该校无线工程首席学者、高频工程组组长和系副主任。

黄漪博士在国际主要期刊和会议上发表了 250 多篇学术论文,出版了畅销书《天线:从理论到实践》(John Wiley & Sons 出版公司,2008 年第 1 版,2016 年第 2 版)。他的研究获得了多个研究委员会、政府机构、慈善机构、欧盟和工业界的资助。他曾担任多家公司的顾问;在多个国家和国际技术委员会(如英国定位与定时、工程技术研究所 IET、工程与物理科学研究委员会(EPSRC)和欧洲建筑师委员会(ACE))任职;并曾任四种国际期刊的编辑、副主编或特邀编辑。他也是许多会议和研讨会的大会受邀演讲者和组织者(如国际电工委员会天线技术工作组、国际无线通信网络和移动计算委员会和牛津国际工程项目),现为《无线工程与技术》(ISSN 2152-2294/2152-2308)主编、欧洲科学与技术合作项目(COST)天线和传感器重点领域负责人、IET 电磁执行委员会成员、欧洲 COST 管理委员会英国国家代表、IEEE Fellow(会员)、IET Fellow(会员)。

目 录

第1章 绪 论 ········· 001
1.1 背景 ········· 001
1.2 本书概述 ········· 002
参考文献 ········· 004

第2章 混响室腔室理论 ········· 006
2.1 概述 ········· 006
2.2 谐振腔模式和电磁场 ········· 006
2.3 模式搅拌技术 ········· 014
    2.3.1 机械搅拌 ········· 014
    2.3.2 极化搅拌技术 ········· 015
    2.3.3 平台和位置搅拌技术 ········· 016
    2.3.4 频率或电学搅拌技术 ········· 016
2.4 平面波到达角 ········· 017
2.5 平均模式带宽 ········· 019
2.6 混响室品质因数 ········· 020
2.7 统计分布规律 ········· 023
    2.7.1 统计分析方法 ········· 025
    2.7.2 实测幅度的统计分布规律 ········· 025
    2.7.3 复杂样本的统计分布规律 ········· 027
    2.7.4 实测功率的统计分布规律 ········· 029
    2.7.5 实测相位的统计分布规律 ········· 030
    2.7.6 结论和建议 ········· 032
2.8 视距路径 ········· 033
2.9 混响室作为无线电传播信道 ········· 039

2.9.1　信道参数 ··· 039
2.9.2　相干带宽 ··· 040
2.9.3　多普勒频移 ·· 041
2.10　小结 ·· 042
参考文献 ·· 042

第3章　机械搅拌器设计与混响室性能评价 ··· 045

3.1　概述 ·· 045
3.2　搅拌器桨叶设计方法 ··· 047
3.3　数值分析 ·· 048
  3.3.1　切口数量的影响 ·· 050
  3.3.2　切口周期性的影响 ··· 051
  3.3.3　切口形状的影响 ·· 053
  3.3.4　切口的复杂性 ··· 057
  3.3.5　搅拌器桨叶尺寸变化 ·· 059
3.4　实际验证 ·· 061
3.5　校准测量参数 ·· 062
3.6　测量结果 ·· 063
  3.6.1　标准搅拌器与新型搅拌器在空载混响室中的性能 ···················· 064
  3.6.2　标准搅拌器与新型搅拌器在加载混响室中的性能 ···················· 069
3.7　小结 ·· 072
参考文献 ·· 073

第4章　混响室内电磁兼容测量 ·· 075

4.1　电磁兼容简介 ·· 075
4.2　电磁兼容标准 ·· 078
4.3　电磁兼容试验 ·· 081
4.4　混响室内的电磁兼容试验 ··· 083
  4.4.1　相关电磁兼容标准 ··· 083
  4.4.2　混响室表征 ·· 084
  4.4.3　辐射抗扰度试验 ·· 089
  4.4.4　辐射发射测量 ··· 091
  4.4.5　辐射发射测量实例 ··· 094

4.5 混响室与其他电磁兼容试验平台对比 …………………………………… 098
4.6 小结 ………………………………………………………………………… 101
参考文献 ………………………………………………………………………… 102

第5章 单端口天线测量 …………………………………………………… 104

5.1 概述 ………………………………………………………………………… 104
5.2 天线效率 …………………………………………………………………… 105
    5.2.1 辐射效率 …………………………………………………………… 105
    5.2.2 总辐射效率 ………………………………………………………… 107
5.3 织物天线 …………………………………………………………………… 107
5.4 测量步骤 …………………………………………………………………… 108
5.5 自由空间测量 ……………………………………………………………… 110
    5.5.1 自由空间性能 ……………………………………………………… 111
    5.5.2 应避免的一般问题 ………………………………………………… 114
5.6 佩戴于人体上的天线测量 ………………………………………………… 115
    5.6.1 胸部(0mm)位置研究 ……………………………………………… 116
    5.6.2 肘部弯曲位置研究 ………………………………………………… 122
    5.6.3 贴近人体背部位置 ………………………………………………… 123
    5.6.4 天线佩戴于胸部20mm处 ………………………………………… 125
5.7 理论和仿真试验 …………………………………………………………… 128
5.8 测量不确定度 ……………………………………………………………… 129
5.9 小结 ………………………………………………………………………… 131
参考文献 ………………………………………………………………………… 132

第6章 多端口天线和阵列天线 …………………………………………… 135

6.1 概述 ………………………………………………………………………… 135
6.2 多输入多输出应用的多端口天线 ………………………………………… 136
6.3 测量参数性能指标 ………………………………………………………… 138
6.4 累积分布函数的分集增益 ………………………………………………… 139
6.5 相关性分集 ………………………………………………………………… 143
6.6 信道容量 …………………………………………………………………… 146
    6.6.1 应避免的一般问题:统计差异 …………………………………… 147
6.7 嵌入式阵元效率 …………………………………………………………… 148

6.8 传统阵列天线测量 ··· 152
6.9 测量参数 ··· 152
   6.9.1 混响室全激发天线阵列测量参数 ································ 152
   6.9.2 功率分配器测量参数 ·· 153
6.10 表征方程 ··· 154
6.11 测量结果 ··· 155
   6.11.1 功率分配器测量结果 ·· 155
   6.11.2 天线阵列测量结果 ··· 156
6.12 测量不确定度 ··· 157
6.13 小结 ··· 158
参考文献 ·· 158

第7章 进一步应用和发展 ··· 161

7.1 屏蔽效能测量 ·· 161
7.2 无参考天线的天线辐射效率测量 ··· 165
7.3 无参考天线的分集增益测量 ·· 168
7.4 无线设备和系统评估 ·· 169
7.5 其他混响室与未来方向 ··· 171
   7.5.1 混响室形状 ··· 171
   7.5.2 柔性混响室 ··· 172
   7.5.3 毫米波混响室 ··· 172
   7.5.4 未来方向 ·· 172
7.6 小结 ··· 172
参考文献 ·· 173

附录A 独立样本数量的计算 ··· 175

参考文献 ·· 177

附录B SIMO信道的多变量正态性检验 ·· 178

附录C 表面电流性质 ·· 182

附录D BS EN 61000-4-21标准偏差 ··· 186

第1章
绪　论

1.1　背景

作为一种测量电磁场强度的新方法,混响室(reverberation chamber,RC)的概念最早由 H. A. Mendes 于 1968 年提出[1]。混响室是一个电大尺寸金属屏蔽箱体,内置金属搅拌器,用于改变在"过模"(多模)条件下工作的电磁场边界条件。长久以来,混响室并未获得普遍认可,直到 20 世纪 90 年代,混响室测试技术在电磁兼容性(EMC)和电磁干扰(EMI)的测量方面才获得认可,关于对其各方面的研究也大量开展起来[2-11]。2003 年发布了一项涉及使用混响室进行电磁兼容测试和测量的国际标准 IEC 61000-4-21[12]。混响室现在主要用于辐射发射测量和辐射抗扰度试验,以及屏蔽效能测量。长期以来,混响室的这些应用逐渐被一些行业标准接受,并将被更多标准所接受[13-14]。近年来,随着无线通信技术的飞速发展,混响室也逐渐应用于天线测量领域。

与 20 年前相比,无线技术在日常生活中的应用已经非常普遍。为了适应这一变化,天线的设计和特性需要不断改进。而混响室如何应用于天线测量领域呢?毕竟这偏离了混响室最初的设计用途。为了回答这个问题,我们要对天线的设计及实际用途进行介绍。

从传统意义上说,天线是有方向性的,其通信信道是用视距(LoS)方式进行配置的。例如,有安装在屋顶上的天线和卫星通信中使用的其他定向天线。对于视距通信中使用的天线,通常在无反射的等效自由空间环境如电波暗室中测量其性能。但是在实际应用中,反射、散射和衍射效应仍可能存在,在通信信道中会产生额外的传播路径。目前,电波暗室仍然是天线性能测试的首选环境,因为天线的辐射方向图(以及其他相关的参数)对视距场景至关重要。

现代移动终端(如移动电话),并不是主要应用于视距场景中。移动电话内的天线可能很少直接"看到"基站,这就要求它们在非视距(NLoS)环境中也可以正常工作。非视距环境中存在大量的由大型平滑物体引起的反射效应、尖锐物体边缘产生的衍射效应以及小型或不规则物体引起的散射效应。一旦发生这些效应,电磁波就会产生额外的传播路径,并最终叠加到接收端。这些传播路径是通过独立的复振幅(幅度和相位信息)发挥作用的。在叠加过程中,可能会对接收端的信号产生减弱、增强或其他未知的复杂效应。随着终端移动或周围环境条件(通信信道)的变化,电磁波传播路径及其复振幅也会随之快速变化。同时,也会导致接收端处的信号发生变化,通常称为衰落。当视距完全阻滞时,变化最大,这种情况更准确地称为小尺度衰落,而大尺度衰落通常只适用于发射端距离变化或部分遮蔽引起的变化[15]。

为了准确反映天线的性能,必须在预定工作场景或预期用途的条件下对其进行测试,因此需要一种能够模拟上述电波传播环境的设施——混响室。在混响室内进行天线测量比在暗室内进行天线测量更接近真实情况。此外,其他测量项目,如在混响室内进行天线辐射效率测量,数据测量结果可能比在暗室内更有效、更准确。我们将在本书后面部分进行分析。

2002 年,美国联邦通信委员会(FCC)规定所有用户都可以使用 3.1 ~ 10.6GHz 的超宽带(UWB)频段[16],之后便催生了大量相关工业技术和学术的研究。混响室对高频段几乎没有限制,适用于不同类型和尺寸的设备。

在混响室推广过程中,它的低成本起到了重要作用。为了抑制反射,电波暗室墙壁上需安装大量的吸波材料,建设和运行费用会相当高。然而,混响室不需要安装吸波材料,只需安装纯金属内壁,便可大幅提高反射效率,这可以节省大量成本。此外,比较混响室和电波暗室的电学尺寸就可以得出结论,混响室的建造尺寸比电波暗室小,同样可以节省成本。

从某种意义上说,混响室是一种独特的设施,用户可以完全控制测量时间和不确定度,这与其他设施有所不同。根据混响室的工作原理,用户可以准确定义测量不确定度,进而控制整个测量时间。同时,用户还可以定义测量参数,将预期不确定度与分辨率和时间联系起来。因此,在开始测量之前,用户就可以控制测试的所有过程。

混响室越来越受欢迎的一个重要原因是测量的便捷性。由于多反射叠加工作模式,在三维空间中,电磁波辐射到接收天线或设备的电波方向到达角是均匀分布的[17],这意味着电磁波入射角和极化角是随机且均匀的。在混响室环境中,受试设备的性能对来波方向是不敏感的,所以可对各种受试设备进行一定程度的简化,这对于开展电磁兼容和天线测量来说尤其重要。

1.2 本书概述

作为一种非常强大的电磁兼容和天线测量设备,混响室具有很多优点。在过去几年里,国际相关学术刊物发表了许多学术论文,然而出版的著作却很少。文献[18-19]全面阐述了腔室和混响室的电磁学理论,同时还介绍了如何使用混响室进行电磁兼容试验和天线测量。但是关于混响室设计及其在天线测量中的应用方面涉及较少。在实际应用中,如何使用混响室进行电磁兼容试验和天线测量还存在一些关键问题。

本书与其他介绍混响室基础理论的书籍不同,其主要内容包括电磁兼容试验和天线测量。在如何使用混响室设备方面,不同领域之间存在一定差别,所以掌握这些区别以便应用混响室完成预期测量显得尤为重要。

本书旨在帮助读者从基础腔室理论快速步入复杂的搅拌器设计和测量实践,内容不仅包括翔实的基础理论,还加入了实际的测量应用实例。这样读者不仅可以掌握基础理论,还可以理解如何应用混响室完成预期的测量。本书全面系统地介绍了混响室的相关理论及应用,便于业内学者研究和理解混响室。

本书以成熟的混响室理论为基础,涵盖了许多前沿的研究趋势。本书是利物浦大学天线(天线测量部分)和电磁兼容课程体系的一部分,并在利物浦大学完成书中涉及的所有测量工作。本书的一大优点是把理论和实践紧密联系起来。

本书组织结构如下。

第2章:混响室腔体电磁理论。详细介绍了混响室作为测量平台所涉及的重要概念,阐述了相关理论和各种公式,并补充了利物浦大学对混响室的实际测量结果,验证了理论体系的准确性。

第3章:机械搅拌器设计与混响室性能评价。介绍了一种设计混响室机械搅拌器的通用方法,基于此完成了一种新型机械搅拌器的设计,还给出了准确、稳健评估给定腔室性能的完整公式和具体步骤。

第4章:混响室内电磁兼容测量。重点介绍了基于混响室的电磁兼容试验,讨论了混响室电磁兼容试验的相关标准,介绍了辐射抗扰度和辐射发射试验,还介绍了采用混响室进行电磁兼容试验的基本流程,并给出了各种实际案例。此外,基于混响室和电波暗室分别进行了电磁辐射发射试验,并对这两种设备进行了对比分析。

第5章:单端口天线测量。介绍了混响室中单端口天线的测量方法。测试过程融入了天线领域的一些最新成果,并将织物天线作为示例进行了演示测量。本章不仅介绍了如何在自由空间条件下测量单端口天线,还给出了如何测量人体穿戴天线(包括在混响室内开展真人测量)的方法。辐射效率作为测量过程中需要考虑的主要问题之一,本章对其不确定度进行了全面评估,给出了测试步骤和计算公式,还介绍了此类测量中应该避免的一些问题。

第6章:多端口天线和阵列天线。讨论了如何使用混响室测量多端口天线和阵列天线。在多端口天线部分,不仅给出了可用于测量分集增益、相关性和信道容量等的相关步骤和公式,还详细介绍了可用于多输入多输出(MIMO)的新型多端口(分集)天线的优点。在阵列天线部分中,介绍了如何使用混响室进行大型阵列天线的效率测量,提出了一个可用于该测量的新公式,以便实现这种特殊要求。

第7章:下一步应用和发展。讨论了混响室的一些最新研究成果,包括在无参考天线的情况下如何测量天线的性能参数,还包括如何使用混响室模拟开阔场测量中的不同"信道"特性。

参考文献

[1] H. A. Mendes, 'A New Approach to Electromagnetic Field – Strength Measurements in Shielded Enclosures', Wescon Tech. Papers, Wescon Electronic Show and Convention, Los Angeles, August 1968.

[2] P. Corona, G. Latmiral, E. Paolini and L. Piccioli, 'Use of reverberating enclosure for measurements of radiated power in the microwave range', *IEEE Transactions on Electromagnetic Compatibility*, vol. 18, pp. 54 – 59, 1976.

[3] P. F. Wilson and M. T. Ma, 'Techniques for measuring the electromagnetic shielding effectiveness of materials. II. Near – field source simulation', *IEEE Transactions on Electromagnetic Compatibility*, vol. 30, pp. 251 – 259, 1988.

[4] Y. Huang and D. J. Edwards, 'A novel reverberating chamber: the source – stirred chamber', *Eighth International Conference on Electromagnetic Compatibility*, 1992, IET, 21 – 24 September 1992, Edinburgh, pp. 120 – 124.

[5] J. Page, 'Stirred mode reverberation chambers for EMC emission measurements and radio type approvals or organised chaos', *Ninth International Conference on Electromagnetic Compatibility*, 1994, IET, 5 – 7 September 1994, Manchester, pp. 313 – 320.

[6] D. A. Hill, 'Spatial correlation function for fields in a reverberation chamber', *IEEE Transactions on Electromagnetic Compatibility*, vol. 37, p. 138, 1995.

[7] T. H. Lehman, G. J. Freyer, M. L. Crawford and M. O. Hatfield, 'Recent developments relevant to implementation of a hybrid TEM cell/reverberation chamber HIRF test facility', *16th Digital Avionics Systems Conference*, 1997, AIAA/IEEE, vol. 1, pp. 4.2 – 26 – 4.2 – 30, 1997.

[8] M. O. Hatfield, M. B. Slocum, E. A. Godfrey and G. J. Freyer, 'Investigations to extend the lower frequency limit of reverberation chambers', *IEEE International Symposium on Electromagnetic Compatibility*, vol. 1, pp. 20 – 23, 1998.

[9] L. Scott, 'Mode – stir measurement techniques for EMC theory and operation', *IEE Colloquium on Antenna Measurements*, vol. 254, pp. 8/1 – 8/7, 1998.

[10] G. H. Koepke and J. M. Ladbury, 'New electric field expressions for EMC testing in a reverberation chamber', *Proceedings of the 17th Digital Avionics Systems Conference*, 1998, The AIAA/IEEE/SAE, vol. 1, IEEE, 31 October – 7 November 1998, Bellevue, WA, pp. D53/1 – D53/6.

[11] Y. Huang, 'Triangular screened chambers for EMC tests', *Measurement Science and Technology*, vol. 10, pp. 121 – 124, 1999.

[12] IEC 61000-4-21:'Electromagnetic compatibility (EMC) Part 4-21:Testing and measurement techniques - Reverberation chamber test methods',ed,2003.

[13] L. R. Arnaut,'Time-domain measurement and analysis of mechanical step transitions on mode-tuned reverberation chamber:characterisation of instantaneous field',*IEEE Transactions on Electromagnetic Compatibility*,vol. 49,pp. 772-784,2007.

[14] V. Rajamani,C. F. Bunting and J. C. West,'Stirred-mode operation of reverberation chamber for EMC testing',*IEEE Transactions on Electromagnetic Compatibility*,vol. 61,pp. 2759-2764,2012.

[15] P. S. Kildal,*Foundations of Antennas:A Unified Approach*,Lund:Studentlitteratur,2000.

[16] F. C. Commission,'Revision of Part 15 of the Commission's Rules Regarding Ultra-Wideband Transmission Systems,First Report and Order',ET Docket 98-153,FCC 02-48,1-118,February 14,2002.

[17] K. Rosengren and P. S. Kildal,'Study of distributions of modes and plane waves in reverberation chambers for the characterization of antennas in a multipath environment',*Microwave and Optical Technology Letters*,vol. 30,pp. 386-391,2001.

[18] D. A. Hill,*Electromagnetic Fields in Cavities*,Hoboken,NJ:John Wiley & Sons,Inc.,2009.

[19] P. Besnier and B. D'Amoulin,*Electromagnetic Reverberation Chambers*,Hoboken,NJ:John Wiley & Sons,Inc.,2011.

第 2 章
混响室腔室理论

2.1 概述

准确完成实际的测量工作,了解混响室的理论基础是十分必要的。电磁学理论(包含混响室腔室理论)是一个理论较完善的研究领域。非常感谢 Harrington[1]、Balanis[2]、Jackson[3]、Kraus[4] 和 Hill[5] 在该领域的出色工作,不应忘记 James Clark Maxwell 提供的电磁学统一理论和公式使整个领域的研究工作不断深入,也不应忘记 Henrich Hertz 证明了电磁辐射存在的巨大贡献,进而实际验证了麦克斯韦理论。

本章旨在介绍和讨论混响室作为测量设施的一些重要概念及理论。首先介绍了谐振腔模式,给出如何使用电磁波模式来计算混响室中的电磁场;其次介绍了混响室内电磁场的独特性质及其工作原理;最后介绍了平面波的到达角、平均模式带宽和混响室品质因数的概念,并用实测数据进行验证。

本章还讨论了混响室内电磁环境的统计特性,并给出了一种推导统计特性的实用方法。在试验的各个阶段,都给出试验配置图来阐述试验过程中的各项细节,并详细给出了得到各项参数统计量的实际过程。通过对本章的学习,读者能够深入理解混响室的重要概念、理论以及它们对实际测量的影响。

2.2 谐振腔模式和电磁场

由于大多数混响室是矩形的,本节将重点围绕矩形腔体展开讨论。金属矩形腔体尺寸满足如下条件时会产生谐振:

$$k_{mnp}^2 = \left(\frac{m\pi}{a}\right)^2 + \left(\frac{n\pi}{b}\right)^2 + \left(\frac{p\pi}{d}\right)^2 \qquad (2.1)$$

式中:k_{mnp} 为要测定的特征值;m、n 和 p 都为整数;a、b 和 d 分别为混响室宽度、高度和长度(m)。

为方便起见,式(2.1)可表示为

$$k_{mnp}^2 = k_x^2 + k_y^2 + k_z^2 \tag{2.2}$$

其中

$$k_x = \frac{m\pi}{a}, k_y = \frac{n\pi}{b}, k_z = \frac{p\pi}{d} \tag{2.3}$$

由此可见,构造矩形腔谐振模式的最简单方法是将横向电场(TE)模式或横向磁场(TM)模式导到 x、y、z 轴线中的某条轴线上[5]。从这个意义上说,通常选取 z 轴,如图2.1所示。

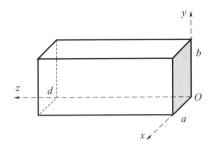

图2.1 矩形腔主轴

当 E_z 场分量为零时,TM 模式称为磁场模式。同样,TE 模式称为电场模式,此时 H_z 场分量为零[5]。矩形腔体中的电场先从 TM 分量开始,可以表示为(注意,这里给出的公式不考虑电流源激励)

$$E_{zmnp}^{TM} = E_o \sin\left(\frac{m\pi}{a}x\right)\sin\left(\frac{n\pi}{b}y\right)\cos\left(\frac{p\pi}{d}z\right) \tag{2.4}$$

式中:E_o 为常数(V/m)[5]。

横向分量为

$$E_{xmnp}^{TM} = \frac{k_x k_z E_o}{k_{mnp}^2 - k_z^2}\cos\left(\frac{m\pi}{a}x\right)\sin\left(\frac{n\pi}{b}y\right)\sin\left(\frac{p\pi}{d}z\right) \tag{2.5}$$

$$E_{ymnp}^{TM} = \frac{k_y k_z E_o}{k_{mnp}^2 - k_z^2}\sin\left(\frac{m\pi}{a}x\right)\cos\left(\frac{n\pi}{b}y\right)\sin\left(\frac{p\pi}{d}z\right) \tag{2.6}$$

当磁场的 z 分量为零(由于 TM 模式的定义)时,磁场的横向分量可表示为[5]

$$H_{xmnp}^{TM} = -\frac{i\omega_{mnp}\varepsilon k_y E_o}{k_{mnp}^2 - k_z^2}\sin\left(\frac{m\pi}{a}x\right)\cos\left(\frac{n\pi}{b}y\right)\cos\left(\frac{p\pi}{d}z\right) \tag{2.7}$$

$$H_{ymnp}^{TM} = \frac{i\omega_{mnp}\varepsilon k_x E_o}{k_{mnp}^2 - k_z^2}\cos\left(\frac{m\pi}{a}x\right)\sin\left(\frac{n\pi}{b}y\right)\cos\left(\frac{p\pi}{d}z\right) \tag{2.8}$$

式中:ε 为腔体内介质的介电常数;ω 为角频率。

由于 E_{zmnp}^{TM} 非零,如式(2.4)所示,模系数的允许值为 $m = 1,2,3,\cdots$,$n = 1,2,3,\cdots$,$p = 0,1,2,3,\cdots$。

TE 模式可用等效方式导出。磁场的 z 分量满足标量亥姆霍兹方程,边界条件为

$$H_{zmnp}^{\text{TE}} = H_o \cos\left(\frac{m\pi}{a}x\right) \cos\left(\frac{n\pi}{b}y\right) \sin\left(\frac{p\pi}{d}z\right) \tag{2.9}$$

式中:H_o 为常数(A/m)。

特征值和轴向波数与式(2.1)~式(2.3)中给出的特征值和轴向波数相同,横向分量为[5]

$$H_{xmnp}^{\text{TE}} = -\frac{H_o k_x k_y}{k_{mnp}^2 - k_z^2} \sin\left(\frac{m\pi}{a}x\right) \cos\left(\frac{n\pi}{b}y\right) \cos\left(\frac{p\pi}{d}z\right) \tag{2.10}$$

$$H_{ymnp}^{\text{TE}} = -\frac{H_o k_y k_z}{k_{mnp}^2 - k_z^2} \cos\left(\frac{m\pi}{a}x\right) \sin\left(\frac{n\pi}{b}y\right) \sin\left(\frac{p\pi}{d}z\right) \tag{2.11}$$

根据 TE 模式的定义,电场的 z 分量为零,电场的横向分量可表示为[5]

$$E_{xmnp}^{\text{TE}} = -\frac{\mathrm{i}\omega_{mnp}\mu k_y H_o}{k_{mnp}^2 - k_z^2} \cos\left(\frac{m\pi}{a}x\right) \sin\left(\frac{n\pi}{b}y\right) \sin\left(\frac{p\pi}{d}z\right) \tag{2.12}$$

$$E_{ymnp}^{\text{TE}} = \frac{\mathrm{i}\omega_{mnp}\mu k_x H_o}{k_{mnp}^2 - k_z^2} \sin\left(\frac{m\pi}{a}x\right) \cos\left(\frac{n\pi}{b}y\right) \sin\left(\frac{p\pi}{d}z\right) \tag{2.13}$$

式中:允许的模系数为 $m=0,1,2,3,\cdots$,$n=0,1,2,3,\cdots$ 和 $p=1,2,3,\cdots$,且 m、n 不能同时为 0。

推导出与每个单独模式对应的谐振频率为

$$f_{mnp} = \frac{1}{2\sqrt{\mu\varepsilon}} \sqrt{\left(\frac{m}{a}\right)^2 + \left(\frac{n}{b}\right)^2 + \left(\frac{p}{d}\right)^2} \tag{2.14}$$

式中:μ、ε 分别为腔室内介质的磁导率和介电常数。

表征腔室中的模式数量通常有 3 种方法:

第一种方法是基于"模式计数",给出特征值小于或等于 k(模式传播的实际限制)的模式总数后,通过式(2.1)对 TE 和 TM 模式进行重复求解得到。

第二种方法是采用 Weyl 公式[5]的近似方法,该式适用于一般形状的腔室,表达如下:

$$N = \frac{8\pi}{3}(a \cdot b \cdot d)\frac{f^3}{c^3} \tag{2.15}$$

式中:N 为模式数量;f 为频率(Hz);c 为光速(m/s)。

第三种方法是对 Weyl 公式的扩展,适用于矩形腔室[5],表达如下:

$$N = \frac{8\pi}{3}(a \cdot b \cdot d)\frac{f^3}{c^3} - (a+b+d) + \frac{1}{2} \tag{2.16}$$

图 2.2 用 3 种方法对利物浦大学混响室($a=3.6\text{m}$,$b=4\text{m}$,$d=5.8\text{m}$)的模数进行了比较。

从图 2.2 中可以看出,式(2.16)中的附加项提高了模式总数与式(2.1)计算

所得模式总数的一致性。随着频率的增大，模式数量随腔室体积和工作频率的三次方增加。

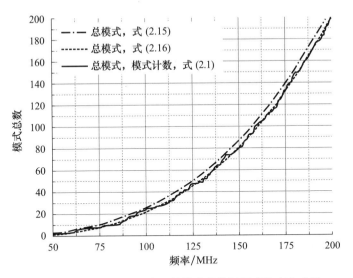

图 2.2 利物浦大学混响室的模式总数随频率的变化曲线

模式密度也是一个用于评估混响室性能的重要参数，表示在给定频率范围内可用的模式数量，可通过对式(2.16)求导数得到[5]

$$D_S(f) = 8\pi(a \cdot b \cdot d)\frac{f^2}{c^3} - \frac{a+b+d}{c} \qquad (2.17)$$

图 2.3 给出了单位频率下模式密度与频率的关系。由图 2.3 可得，在 116MHz 以上，腔室的模式密度至少为每兆赫一个模式。

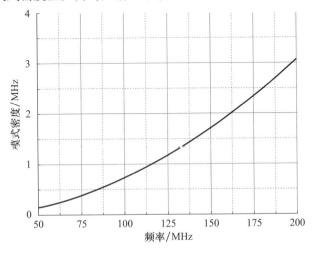

图 2.3 利物浦大学混响室模式密度与频率的关系曲线

腔室中的低模式密度意味着该混响室达不到预期的性能,因为模式密度太小,无法获得均匀的电磁场[5]。

了解混响室内部的模式条件是非常重要的。由式(2.4)~式(2.13)可知,腔室内部电磁场可用谐振模式及其满足腔室边界条件的整数系数(m、n 和 p)得到。在实际操作中,需要激发不同的模式促进空间电磁场分布的充分变化,以实现空间均匀性。利物浦大学混响室的前 5 种谐振模式见表 2.1。

表 2.1　利物浦大学混响室的前 5 种谐振模式

模式	m	n	p	谐振频率/MHz
1	0	1	1	45.55
2	1	0	1	49.04
3	1	1	0	56.06
4	1	1	1	61.73
5	0	1	2	63.89

在给定腔室中,可对谐振模式激发产生的电磁场进行计算。与式(2.4)~式(2.13)不同,图形化地给出"非空"混响室(含激励源)中的电磁场有利于理解混响室内电磁场环境,能更有效阐明腔室内电磁环境各项参数,并将其与实际运行情况联系起来。关于模式及其场分布,由文献[6]可知。

(1)在激励源区域外,矩形腔室内的电磁场都是其由内部产生的所有 TE 和 TM 模式叠加得到的。在激励源区域内,需要从其他混合模式的贡献中添加一个额外的项。

(2)腔室内的任意极化电流都会产生具有 3 个正交分量的电场。这意味着一种极化方式天线发射的信号可以被其他极化方式的天线接收,这对于测量是有利的。

(3)可以通过选择激励源的极化方式和位置来控制腔室内电磁场模式,这是非常重要的。

在文献[6]中,为了研究屏蔽体内产生的电场分布,根据空腔格林函数推出了一组计算公式。格林函数本质上是描述电流源引起的电场或磁场分布的一种简便方法,通过对实际激励源进行合并,该方法同样适用于混响室内电磁场计算,电场 E 可表示如下:

$$E = \frac{1}{j\omega\varepsilon} \int_{\text{source}} \underline{G} \cdot J(x', y', z') dv' \quad (2.18)$$

式中:$J(x', y', z')$ 为激励电流;ω 为角频率(rad);$\underline{G}$ 为并矢格林函数。

电场可以表示为

$$E = \frac{1}{j\omega\varepsilon}\int_{\text{source}}[G_{xy}\hat{x} + G_{yy}\hat{y} + G_{zy}\hat{z}]J(x',y',z')\mathrm{d}v' \qquad (2.19)$$

并矢格林函数可表示为

$$\underline{G} = \sum_{p=0}^{\infty}\sum_{m=0}^{\infty}\frac{2\varepsilon_{0m}}{da\alpha\sin\alpha b}\sin(k_z z')\cos(k_x x')$$

$$\cdot \left\{\begin{array}{l}\left\{k_z k_x \cos(k_z z)\sin(k_x x)\begin{array}{l}\sin(\alpha y)\sin\alpha(b-y')\\ \sin(\alpha y')\sin\alpha(b-y)\end{array}\begin{array}{l}y<y'\\ y>y'\end{array}\hat{z}\hat{x}\right\}\\ \left\{+(k_x^2-k^2)\sin(k_z z)\cos(k_x x)\begin{array}{l}\sin(\alpha y)\sin\alpha(b-y')\\ \sin(\alpha y')\sin\alpha(b-y)\end{array}\begin{array}{l}y<y'\\ y>y'\end{array}\hat{x}\hat{x}\right\}\\ \left\{+k_x\alpha\sin(k_z z)\sin(k_x x)\begin{array}{l}\cos(\alpha y)\sin\alpha(b-y')\\ -\sin(\alpha y')\cos\alpha(b-y)\end{array}\begin{array}{l}y<y'\\ y>y'\end{array}\hat{y}\hat{x}\right\}\end{array}\right\}$$

$$+\sum_{m=0}^{\infty}\sum_{n=0}^{\infty}\frac{2\varepsilon_{0n}}{ab\beta\sin(\beta d)}\sin(k_x x')\cos(k_y y')$$

$$\cdot\left\{\begin{array}{l}\left\{k_x k_y \cos k_x x\sin(k_y y)\begin{array}{l}\sin(\beta z)\sin\beta(d-z')\\ \sin(\beta z')\sin\beta(d-z)\end{array}\begin{array}{l}z<z'\\ z>z'\end{array}\hat{x}\hat{y}\right\}\\ \left\{+(k_y^2-k^2)\sin(k_x x)\cos(k_y y)\begin{array}{l}\sin(\beta z)\sin\beta(d-z')\\ \sin(\beta z')\sin\beta(d-z)\end{array}\begin{array}{l}z<z'\\ z>z'\end{array}\hat{y}\hat{y}\right\}\\ \left\{+k_y\beta\sin(k_x x)\sin(k_y y)\begin{array}{l}\cos(\beta z)\sin\beta(d-z')\\ -\sin(\beta z')\cos\beta(d-z)\end{array}\begin{array}{l}z<z'\\ z>z'\end{array}\hat{z}\hat{y}\right\}\end{array}\right\} \qquad (2.20)$$

$$+\sum_{m=o}^{\infty}\sum_{p=0}^{\infty}\frac{2\varepsilon_{0p}}{bd\gamma\sin\gamma a}\sin(k_y y')\cos(k_z z')$$

$$\cdot\left\{\begin{array}{l}\left\{k_y k_z \cos(k_y y)\sin(k_z z)\begin{array}{l}\sin(\gamma x)\sin\gamma(a-x')\\ \sin(\gamma x')\sin\gamma(a-x)\end{array}\begin{array}{l}x<x'\\ x>x'\end{array}\hat{y}\hat{z}\right\}\\ \left\{+(k_z^2-k^2)\sin(k_y y)\cos(k_z z)\begin{array}{l}\sin(\gamma x)\sin\gamma(a-x')\\ \sin(\gamma x')\sin\gamma(a-x)\end{array}\begin{array}{l}x<x'\\ x>x'\end{array}\hat{z}\hat{z}\right\}\\ \left\{+k_z\gamma\sin(k_y y)\sin(k_z z)\begin{array}{l}\cos(\gamma x)\sin(a-x')\\ -\sin(\gamma x')\cos\gamma(a-x)\end{array}\begin{array}{l}x<x'\\ x>x'\end{array}\hat{x}\hat{z}\right\}\end{array}\right\}$$

式中:$\varepsilon_{0n} = \begin{cases}1,(n=0)\\ 2,(n\neq 0)\end{cases}$;$\alpha = \sqrt{k^2-k_z^2-k_x^2}$;$\beta = \sqrt{k^2-k_x^2-k_y^2}$;$\gamma = \sqrt{k^2-k_y^2-k_z^2}$。

假设腔室内的激励源为沿 y 轴方向极化的单位电流,如图 2.1 中定义的坐标轴,这意味着电流源是垂直线性极化的,依据式(2.18)~式(2.20),得到 XOZ 平面上的合成电场 E_y,计算公式如下:

$$E = \frac{1}{j\omega\varepsilon}\sum_{m=0}^{\infty}\sum_{n=0}^{\infty}\frac{2\varepsilon_{0n}}{ab\beta\sin(\beta d)}\sin(k_x x')\cos(k_y y')$$

$$\cdot \begin{Bmatrix} \{k_x k_y \cos(k_x x) \sin(k_y y) \begin{matrix} \sin(\beta z)\sin\beta(d-z') \rbrace z < z' \\ \sin(\beta z')\sin\beta(d-z) \rbrace z > z' \end{matrix} \hat{x} \\ \{+(k_y^2-k^2)\sin(k_x x)\cos(k_y y) \begin{matrix} \sin(\beta z)\sin\beta(d-z') \rbrace z < z' \\ \sin(\beta z')\sin\beta(d-z) \rbrace z > z' \end{matrix} \hat{y} \\ \{+k_y \beta \sin(k_x x)\sin(k_y y) \begin{matrix} \cos(\beta z)\sin\beta(d-z') \rbrace z<z' \\ -\sin(\beta z')\cos\beta(d-z) \rbrace z>z' \end{matrix} \hat{z} \end{Bmatrix} \quad (2.21)$$

图 2.4~图 2.8 给出了利物浦大学混响室中 XOY 平面上的电场 E_y 的分布随频率的变化曲线。所有平面图中的观测位置 y 均选在 $b/2$，即腔室高度的中点。

其中，电流源的坐标位置分别为 $x_1=0.4\mathrm{m}$，$x_2=0.5\mathrm{m}$，$y_1=1.35\mathrm{m}$，$y_2=1.4\mathrm{m}$，$z=0.5\mathrm{m}$，电流源在 x 轴上朝向腔室的某个角落，距腔室底板 1.35~1.4m 的位置。这样设置是因为这些位置是实际测量过程中激励源的常见位置，后续章节也是如此。

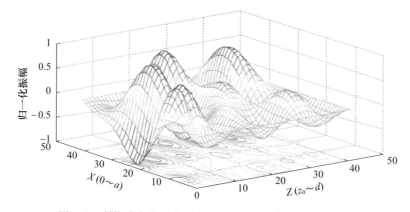

图 2.4 利物浦大学混响室在 200MHz 时的归一化电场分布

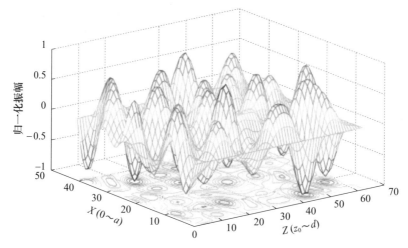

图 2.5 利物浦大学混响室在 400MHz 时的归一化电场分布

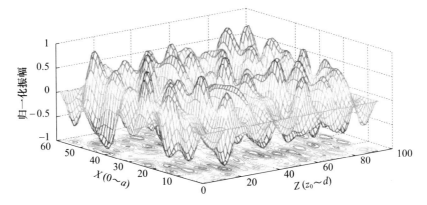

图2.6 利物浦大学混响室在600MHz时的归一化电场分布

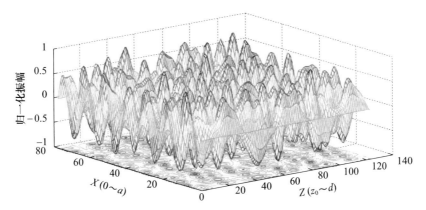

图2.7 利物浦大学混响室在800MHz时的归一化电场分布

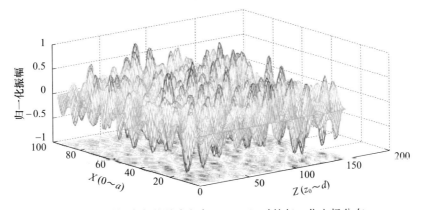

图2.8 利物浦大学混响室在1000MHz时的归一化电场分布

从图2.4～图2.8中可以看出，混响室内部的电场是由具有正弦和余弦特性的驻波形成的，且随着频率的增加，电场的变化越加复杂。所有频率下的归一化电场强度都有明显不同。

图中给出的场分布特性并不是实际混响室中的实测值,若将天线置于这样的场分布中,那么天线所接收的功率将取决于天线所处的位置,因此得出的结果不一定是可重复的或正确的。在实际测试中,需要在均匀的场分布中进行天线参数测量。

2.3 模式搅拌技术

了解混响室内电场特性及均匀性要求后,下面讨论采用什么技术来获得所需要的均匀电场。混响室的一个独特之处就是采用了"模式搅拌技术"或简单的"机械搅拌技术"来实现均匀电场分布。

采用这些技术的目的是使场分布达到统计学上的均匀分布和各向同性。只有将天线或测试设备放置在混响室内的不同位置(甚至可能处于不同的朝向),才能够接收到一致性较好的平均功率电平(前提是其他测量变量保持不变)。这在一定程度上提供了一种统计学意义上可重复的试验条件。现在的问题是,需要知道这些技术是什么以及它们是如何工作的。

2.3.1 机械搅拌

机械搅拌是常用的搅拌技术,可用于改变混响室内部电场的边界条件。机械搅拌是通过旋转混响室内电大尺寸的、非对称的金属搅拌器桨叶而实现的。

金属搅拌器通常以步进或连续的方式旋转,在每次旋转时,混响室内电磁场的边界条件都会发生变化[7]。边界条件的改变将使图 2.4~图 2.8 中出现电磁场的"峰值"和"零点",且随着"观测"位置的变化而变化。

这意味着,可在距离混响室边界约为 $\lambda/2$(其中,λ 为工作频率波长,单位为 m)的区域,获得统计意义上的均匀和各向同性电磁环境[8]。金属搅拌器的旋转也会产生不同的统计环境,以便用户在混响室内进行相关测量。关于统计方面的更多内容见本章后续内容。

目前,利物浦大学混响室机械搅拌器设计如图 2.9 所示。从图 2.9 中可以看出,共有两套机械搅拌器,垂直搅拌器安装在地板与顶板之间,水平搅拌器安装在前后墙之间的顶板位置。

对两套独立的机械搅拌器来说,其性能高低取决于改变混响室内反射波极化方向能力的大小,而与激励源的极化方式无关。从激励源辐射出具有两个极化方向的电磁波(假设为线性极化)都视为可以有效搅拌。也就是说,要确保到达接收天线或受试设备的电磁波,以及由受试设备辐射到接收设备的辐射波,都具有等概率的随机极化特性,从而可以认为是"非极化"的(没有任何一种极化方式是占主导地位的)。

图 2.9 利物浦大学混响室机械搅拌器设计示例

在频域中搅拌器可认为是电大尺寸的,至少与混响室工作频率的波长相当,并且通常认为空腔处于过模状态(多种模式共存)。否则,搅拌器在改变场分布方面的性能就会降低,这也是机械搅拌方式的一个限制条件。

2.3.2 极化搅拌技术

尽管采用了两套机械搅拌器,并对混响室的"非极化"性质进行了理论分析,但在实践中还会存在偏差。文献[9-10]指出,在测量过程中可能会激发不同数量的 TE 波和 TM 波,这使不同极化方式的接收天线所接收的功率有明显差异。在文献[9]中,单从波和模式的角度分析,会有 3~9dB 的差异。

极化搅拌技术不考虑接收机极化方式,只需要测量垂直极化和水平极化(假设为线性极化),并对两种测量结果取平均值,以消除各种偏差的影响。也就是说,极化搅拌的目的是确保不存在"极化失衡"的情况,否则混响室中天线参数测量结果可能会存在较大的不确定度。

此外,由于垂直搅拌器和水平搅拌器性能不同,也可能会出现极化失衡的情况。不同方式安装的搅拌器在混响室内的搅拌效率会有所不同。这就要求机械搅拌器的设计和测试验证必须仔细而严格,这些将在第 3 章中进行详细论述。

理解了极化搅拌技术和极化失衡引起的测量误差,会有助于理解使用混响室进行天线测量和电磁兼容测量时的不同要求。对于电磁兼容来说,在进行抗扰度(辐射发射或辐射抗扰度)测试时,受试设备通常没有预先设定的方向。而对于天线测量来说,所涉及的天线通常有一个预先设计的和优选的极化方向,这就导致不同极化方向对测量结果的影响可能会更明显。

在实践中,通常需要大量的样本才能得到准确的平均值。显然,用于求取平均值的样本越多,平均值就越准确。因此,在生成更多测量样本的过程中,极化搅拌技术是非常有用的,并且可与机械搅拌技术结合起来使用。

总之,除了具有不同搅拌效率的机械搅拌器之外,在实际操作中不同数量的TE 和 TM 模式激发引起系统极化失衡。不管接收设备处于混响室中哪个位置,测量混响室内电磁场两种极化方式都可以解决系统极化失衡的问题[9-10]。在生成更多测量样本的过程中,极化搅拌技术也是一种有用的方法,可提高测量精确性并降低不确定度。

2.3.3 平台和位置搅拌技术

平台和位置搅拌是指通过转台将待测天线或受试设备移动到混响室内的不同位置,并从每个测量位置的被测样本中获取总平均值的技术。该技术[11]作为小型混响室中提高精度的一种方法,可以避免来自不同位置样本量的相互关联,从而保持样本数据有足够的独立性,因此规定不同接收位置的移动间隔不得小于 $\lambda/2$。位置搅拌技术基本上遵循相同的原则,该技术不需要使用转台,而是人为将待测天线或受试设备移动到不同的位置。该技术的优点是可以生成更多独立测量值来提高测量精度,以便在求平均值时使用。

2.3.4 频率或电学搅拌技术

频率或电学搅拌是指在数据处理阶段在混响室中获得的测量值中进一步求取平均值的技术。文献[5]详细给出了频率搅拌技术的应用(在二维混响室中)。频率搅拌可作为一种改善场空间均匀性和减少激励源与腔壁之间相互作用的技术途径。

频率搅拌要求搅拌带宽(定义为从给定频带窗口中进一步获取平均值的总点数)随着混响室工作频率的升高(模式密度的增加)而减小。由于在稀疏模式环境中很难实现场的均匀性,因此在较低的模式密度下需要更高效率的频率搅拌。

在进行频率搅拌时,如果采用过多的频点求平均值(过大的搅拌带宽),则会导致实测数据的频率分辨率降低。例如,在混响室中测量天线的辐射效率或复合反射系数时,为了避免出现这个问题,选择频率搅拌带宽通常远小于天线的工作带宽。频率搅拌技术用于获得平滑和精确的结果,尤其是在天线测量领域。

2.4 平面波到达角

本节从理论上研究利物浦大学混响室内平面波到达角(angle of arrival, AoA)的特性,可以验证如果能够获得电磁波传播场景特征,便可证明混响室作为移动通信和天线测量的多径仿真设施的合理性。因为天线的某些性能对方位是不敏感的,所以从理论上能够证明多径电磁环境可简化天线特性测试。对于电磁兼容测试,例如在抗扰度测试中,位于混响室中的受试设备会受到各个方向和角度来波的辐照,可全面测试其工作性能。

对于式(2.1)、式(2.2)、式(2.4)和式(2.9),通过欧拉关系将正弦和余弦项表示为指数项,并将乘积表示为[12]

$$\begin{aligned}
\cos u \cdot \cos v \cdot \sin w &= A_{mnp}^{TE} \cdot \frac{e^{ju}+e^{-ju}}{2} \cdot \frac{e^{jv}+e^{-jv}}{2} \cdot \frac{e^{jw}-e^{-jw}}{2i} \\
&= \text{const} \cdot \begin{Bmatrix} e^{ju+jv+jw} + e^{ju-jv+jw} + e^{-ju+jv+jw} + e^{-ju-jv+jw} \\ -e^{-ju+jv-jw} - e^{ju-jv-jw} - e^{-ju+jv-jw} - e^{-ju-jv-jw} \end{Bmatrix} \\
&= \text{const} \cdot \sum e^{\pm ju \pm jv \pm jw}
\end{aligned} \quad (2.22)$$

进一步,式(2.4)中E_z和式(2.9)中H_z具体形式可表示为

$$\begin{cases} H_z^{TE} = \text{const} \cdot \sum e^{-jk\hat{k}\cdot r} \\ E_z^{TM} = \text{const} \cdot \sum e^{-jk\hat{k}\cdot r} \end{cases} \quad (2.23)$$

其中,

$$r = \hat{x}x + \hat{y}y + \hat{z}z; \hat{k} = \left\{ \frac{k_x\hat{x} + k_y\hat{y} + k_z\hat{z}}{k} \right\}, k_x = \pm\frac{m\pi}{a}, k_y = \pm\frac{n\pi}{b}, k_z = \pm\frac{p\pi}{d}$$

通过改变式(2.23)中的±,可获得不同的平面波项[12]。式(2.23)中的每项都可被视为在$\hat{k}$方向上传播的单个平面波,这就意味着式(2.23)表示TE和TM模式的8个平面波的总和。唯一的例外是当其中一个指数为零时,只有4个平面波模式是主导的。使用式(2.14)计算TE和TM模式的允许模式和现有模式,相应的平面波到达角可计算如下:

$$\varphi = \arctan\left(\frac{k_y}{k_x}\right), \theta = \arctan\left(\frac{\sqrt{k_x^2 + k_y^2}}{k_z}\right) \quad (2.24)$$

图2.10为利物浦大学混响室平面波到达角随频率变化的情况。图中每根线条都代表了到达球心的电磁波(在这种情况下,到达角是一个虚拟的单位球面),而这些小块区域可以认为是相关波阵面的一部分[12],这是为了图形表达而进行简化的结果。

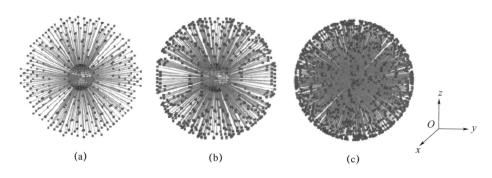

图 2.10 （见彩图）利物浦大学混响室平面波到达角随频率变化的情况
(a)200~225MHz；(b)400~410MHz；(c)900~905MHz。

从图 2.10 可以看出,平面波到达角来自单位球面上所有可能的方向。还可以看出,在较小的频带内,入射波密度会随频率的升高而增大。文献[12]已经给出了这种结果的统计性质,并证明了只要激发足够多的模式(足够宽的频带),平面波到达角就会呈现均匀分布的状态。

均匀分布意味着一列平面波(及其极化)可以相等的概率从单位球体上的任何方向或角度到达,这个结论可帮助人们更好地理解混响室测试的基本原理。在这个模型下,任何给定受试设备或天线的定向性及其辐射模式的方向特性都会被忽略。在具体操作中,实现这种均匀性的前提是电磁波激发了等量的 TE 波和 TM 波,并且从激励源到接收端之间不存在明显的直接视距路径,这一问题将在本章后续部分进行详细讨论。

表 2.2 给出了利物浦大学混响室中的频率模式数量和平面波数量,可以看出随着频率的增加,可用的模式和平面波数量会越来越多。

表 2.2 利物浦大学混响室中的频率模式数量和平面波数量

频率/MHz	模式数量	平面波数量
200~225	87	620
400~410	122	924
900~910	643	4992
1940~1950	1866	14776
2400~2410	1930	15384

实际环境与混响室的各向同性电磁环境在电磁波的到达角方面会有一些不同,在真实环境中工作的天线可能具有优选的方向,如在室外环境中,天线辐射波更有可能接近水平方向[13]。

对于移动通信来说,由于大多数基站都是垂直极化的,实际环境中可能会存在大量的垂直极化波。这就会导致交叉极化功率的鉴别度在不同环境中会有所差异[13]。实际环境中的测量,这种差异会造成测量结果的不确定性提高。测量结果会随着测量环境的不同而变化,造成可重复性降低。

混响室的一个优点是统计学意义上的测试可重复较高[14],这说明混响室中的各向同性环境在现实中并没有真正与之对应的环境存在。然而在具有多个电磁波传播方向的真实环境中对移动终端进行测试,测试结果的平均值会接近混响室[13]中所测得的结果。对测试结果的统计要包括不同的天线位置、方向和极化状态。

在测量过程中激发的模式数量和平面波数量实际上取决于"模式带宽"值。

2.5 平均模式带宽

理论上,只有与混响室腔室谐振频率相对应的频率激励混响室时,相关模式才会被激发[12]。这意味着相应模式的品质因数是无上限的[12]。而实际上品质因数的数值却是有限的,且有一定"带宽"。这意味着电磁波模式不能无限地拓展,这便产生了术语"带宽"。

带宽可定义为在谐振频率为 f_o 的特定腔室中激发功率大于 f_o 处激发功率的一半的频率宽度[10]。

平均模式带宽 Δf 可以简单地定义为激励频率激发的所有模式的模式带宽的平均值,即在给定的激励频率下,模式可以在该范围[12]内被激发:

$$f - \Delta f/2 \leq f_o \leq f + \Delta f/2 \quad (2.25)$$

式中: $\Delta f = f/Q$, Q 为混响室品质因数。

这里的定义与文献[15]中的定义相似。因此,平均模式带宽可根据混响室品质因数求出:

$$\Delta f = \frac{c^3 \cdot \eta_{\text{TOTAL\_TX}} \cdot \eta_{\text{TOTAL\_RX}}}{16\pi^2 V f^2 G_{\text{net}}} \quad (2.26)$$

式中: V 为混响室的内部体积; $\eta_{\text{TOTAL\_TX}}$ 为发射天线的总辐射效率(定义为总辐射功率与天线端口上入射功率的比例); $\eta_{\text{TOTAL\_RX}}$ 为接收天线的总辐射效率; G_{net} 可表示为

$$G_{\text{net}} = \frac{\langle |S_{21}|^2 \rangle}{(1 - |S_{11}|^2) \times (1 - |S_{22}|^2)} \quad (2.27)$$

式中: $\langle \rangle$ 表示散射参数的平均值; S_{21} 为传输系数;分母中的两项分别表示发射天线和接收天线的失配效率。式(2.27)的分母项并不是系综平均值,而是在电波暗室测得的。

图 2.11 给出了在空载场景(仅包含发射和接收天线)和加载场景下,利物浦大学混响室中测量的平均模式带宽($a = 3.6\text{m}, b = 4\text{m}, d = 5.8\text{m}$)。

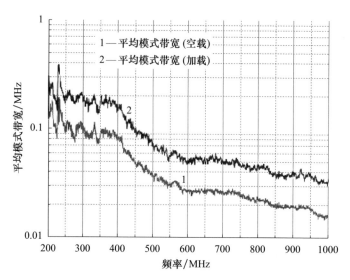

图 2.11 利物浦大学混响室中测量的平均模式带宽

在这两种场景下,接收天线是对数周期天线,发射天线是大型维瓦尔第天线,两者的效率值均已知。为了摸清加载物对平均模式带宽的影响,在混响室的两个角落分别放置了两个吸波体。平均模式带宽是很重要的参数,在测量过程中控制着混响室内的信道特性。例如,它可以控制衰落信道是频率平坦的还是频率选择性的。本章后面以及文献[16]中都有对信道特性的论述。如图 2.11 所示,平均模式带宽和信道特性可以通过加载混响室进行控制。

从图 2.11 可以看出,随着频率的增加,平均模式带宽略有减小。这说明在较高的频率下,激发足量电磁波模式的频率带宽会变窄。但较窄带宽会存在较高的模式密度,这意味着许多电磁波模式仍然可以被激发。与文献[17]相比,这里的平均模式带宽更窄,这在某种程度上是由于大型和小型混响室之间存在的差异造成的。由图 2.11 可以看出这些曲线不是完全平滑的,这是因为它们是通过实测数据推导而来的,而实测数据的采样点是有限的,只有 718 个样本量。

此外,图 2.11 中下降趋势还表明,随着频率的增加,混响室的品质因数也会增加。接下来继续评估混响室品质因数。

2.6 混响室品质因数

众所周知,品质因数描述的是处于谐振状态的系统损失能量的速率。如 2.5 节所述,当考虑单一谐振时,低品质因数系统具有很大的带宽,并将非常迅速地耗散能量。混响室是一个多模环境,品质因数给出了混响室内总能量损失的相关信息。

Corona(1980)[18]和Hill(1994)[19]发表了有关混响室品质因数的参考文献。Hill吸收了Corona早期的理论,并详细研究了影响混响室总品质因数的多种因素,定义了混响室中5个独立损耗项。

(1) 腔室壁损耗 Q_1;
(2) 孔隙泄漏损耗 Q_2;
(3) 腔室内装载物损耗 Q_3;
(4) 天线损耗 Q_4;
(5) 由水蒸气吸收引起的损耗 Q_5(仅在频率大于18GHz的情况下发生)。

总品质因数和单独的损耗因素表达如下[19]:

$$Q = \frac{\omega U_s}{P_d} \tag{2.28}$$

式中:P_d 为耗散功率;U_s 为稳态能量,可表示为

$$U_s = WV \tag{2.29}$$

式中:V 为混响室体积;W 为能量密度,可表示为

$$W = \varepsilon_o E^2 \tag{2.30}$$

式中:ε_o 为混响室内空间的介电常数;E 为均方根(root mean square,RMS)电场。

混响室中的功率密度可以表示为

$$S_c = \frac{E^2}{\eta_o} \tag{2.31}$$

式中:η_o 为混响室中内空间介质的固有阻抗。

$Q_1 \sim Q_4$ 分别表示为[19]

$$Q_1 = \frac{3V}{2\mu_r S\delta} \tag{2.32}$$

式中:$\delta = \sqrt{\frac{1}{\pi f \mu_w \sigma_w}}$,$\mu_r = \frac{\mu_w}{\mu_0}$。$\mu_w$ 和 σ_w 分别为混响室腔室材料的磁导率和导电率;δ 为趋肤深度;S 为混响室表面积。

$$Q_2 = \frac{2\pi V}{\lambda \langle \sigma_a \rangle} \tag{2.33}$$

式中:$\langle \sigma_a \rangle$ 为混响室内加载物的平均吸收截面。

对于不规则形状的物体,很难得到其解析解。Carlberg等提出了该项的一种测量方法[20]。

混响室内加载物损耗可表示为

$$Q_3 = \frac{4\pi V}{\lambda \langle \sigma_l \rangle} \tag{2.34}$$

式中:$\langle \sigma_l \rangle$ 为任何孔隙的平均传输截面。

天线损耗可表示为

$$Q_4 = \frac{16\pi^2 V}{m\lambda^3} \quad (2.35)$$

式中:m 为阻抗失配系数或失配效率(对于匹配的负载,$m=1$)。

在稳态条件下,混响室输入功率 P_t 等于混响室的消耗功率,则

$$P_t = P_d \quad (2.36)$$

将式(2.28)、式(2.29)、式(2.31)代入式(2.36),空腔中的功率密度可表示为

$$S_c = \frac{\lambda Q P_t}{2\pi V} \quad (2.37)$$

通过使用阻抗匹配天线,接收功率 P_r 是有效面积 $\lambda^2/8\pi$ 的乘积,接收功率可以表示为[19]

$$P_r = \frac{\lambda^3 Q}{16\pi^2 V} P_t \quad (2.38)$$

求解式(2.38)可得到以实测功率比(P_r/P_t)表示的混响室品质因数。式(2.39)为获得混响室品质因数的常用测量方法[19],该方法假设采用了高效且阻抗匹配良好的天线,得

$$Q = \frac{16\pi^2 V}{\lambda^3} \times \frac{P_r}{P_t} \quad (2.39)$$

其中

$$\frac{P_r}{P_t} = \frac{\langle |S_{21}|^2 \rangle}{[1-(|S_{11}|)^2][1-(|S_{22}|)^2]} \quad (2.40)$$

式中:$|S_{11}|$ 和 $|S_{22}|$ 分别表示发射天线和接收天线的反射系数,在电波暗室中测得,因此不做平均处理。此外,式(2.40)忽略了线缆损耗。

式(2.32)~式(2.35)中损耗项的另一种表示法是根据平均模式带宽得出的[21]。如前文所述,这也是确定混响室品质因数的一种常用方法。图2.12给出了利物浦大学混响室在空载和加载条件下的实测品质因数。由于实测数据的样本数量有限(718个),因此曲线并不是完全平滑的。

图2.13中还给出了基于平均模式带宽法的利物浦大学混响室品质因数。对比图2.12和图2.13,可以看到两种方法得出的混响室品质因数在数值上是一致的,故图2.11中的平均模式带宽是正确的。测量过程中使用的天线(不考虑效率)对品质因数也有一定的影响。文献[7]中已经讨论了这点,并得出相关结论:可利用混响室时间常数计算品质因数,而不是直接利用频域方法得出混响室品质因数。用时域法求取混响室品质因数可以减小陪试天线的影响。混响室时间常数与品质因数的关系如下:

$$\tau = \frac{Q}{2\pi f} \quad (2.41)$$

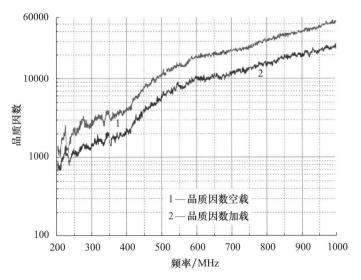

图2.12 利物浦大学混响室的品质因数,由式(2.39)计算得出

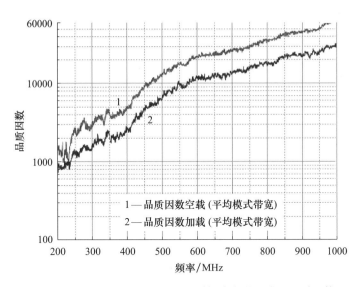

图2.13 基于平均模式带宽法的利物浦大学混响室品质因数

2.7 统计分布规律

混响室实测数据的统计分布规律非常重要。例如,考虑到现代移动终端配备的天线在运行环境中很少直接"看到"基站。因此必须在非视距传播环境中保证

移动终端通信链路的畅通,以维持移动终端设备能够正常工作。移动通信中的非视距传播环境具有瑞利衰落特性[22],这一特性使得在混响室中复现该环境成为现实。对于相关测试任务来说,复现受试设备的真实运行环境是很重要的,只有在受试设备实际运行环境中进行测试,才能保证测试结果的有效性。

混响室具有类似城市和室内环境中的多径传播特性。这就是利用混响室来模拟这类真实传播环境中的测试的原因。

多年来,混响室内样本数据的统计分布规律得到了广泛重视。Kostas 和 Boverie[23]对相关统计方法进行了研究:电场(电压)的 3 个实测分量,都表现为瑞利分布(与 6 个自由度的卡方分布相同)。由此断定混响室内功率密度呈指数分布[23]。

文献[13]进一步指出,在非视距条件且存在足够平面波的情况下,接收到复合信号的同相分量和正交分量均呈正态分布(复合高斯分布),相位均匀分布在 2π 上。应该注意的是,如果有明显的视距路径存在,该统计分布特征将被改变,特别是幅度分量。这方面内容将在 2.8 节讨论。同样,如果没有足够多的平面波(混响室内没有足够的谐振模式),混响室内电磁环境统计分布规律也不一定与理论分布保持一致。

本节研究了利物浦大学混响室内电磁环境的统计分布规律,可直观地观察混响室内实测数据的分布规律与理想非视距条件下的分布规律是否保持一致。本节分为 6 个独立的部分,分别讨论分析方法,非视距场景中的幅度、复信号、功率和相位信息。2.7.6 节给出了相关分析方法的结论和建议。

实际测试过程要保证激励源和接收端之间的非视距路径。统计分布规律测试的参数说明如表 2.3 所列。

表 2.3 统计分布规律测试的参数说明

参数	说明
激励源天线	维瓦尔第天线
接收天线	对数周期(HL223)
频率/MHz	100~1000
频点数量	801
搅拌设置	机械搅拌,步进度数为 1° 极化搅拌
矢量网络分析仪	Anritsu 37369A
电源功率/dBm	-7
混响室加载	无

2.7.1 统计分析方法

可以利用概率密度函数(PDF)和累积分布函数(CDF)两种统计分析方法对相关数据进行分析。这两种方法的理论推导如下。

由于概率不能为负,因此所有 PDF 必须为正或零[5]:

$$f(g) \geqslant 0 \tag{2.42}$$

PDF 并不总是连续的,甚至是有限的,由于随机变量 g 必须在 $-\infty \sim \infty$ 之间,因此有如下关系[5]:

$$\int_{-\infty}^{\infty} f(g) \mathrm{d}g = 1 \tag{2.43}$$

根据上述定义,可以将累积分布函数特性评估为随机变量 G 位于 a 和 b 之间的概率 P,作为 f 的积分,表现为

$$P(a < G \leqslant b) = \int_{a}^{b} f(g) \mathrm{d}g \tag{2.44}$$

因此,CDF 必须满足以下要求。

(1) CDF 是 g 的非递减函数;
(2) $\mathrm{CDF}(-\infty) = 0$;
(3) $\mathrm{CDF}(\infty) = 1$。

2.7.2 实测幅度的统计分布规律

如前所述,理想非视距环境中电磁场幅度服从瑞利分布。本节给出了累积分布函数的性质以及实测数据与理论分布的概率密度函数对比。简洁起见,这里只给出了 600MHz 和 800MHz 频点的数据。这种选择是任意的,并且是在多模式频率下的随机选择。

式(2.45)和式(2.46)给出了理论瑞利分布[24]。

对于累积分布函数,有

$$F(x) = (1 - \mathrm{e}^{(-x^2/2\sigma^2)})(x \in [0, \infty]) \tag{2.45}$$

对于概率密度函数,有

$$f(x) = \frac{x}{\sigma^2} \mathrm{e}^{-x^2/2\sigma^2} (x \geqslant 0) \tag{2.46}$$

式中:σ 为分布参数。

图 2.14 和图 2.15 分别给出了 600MHz 和 800MHz 实测电磁场幅值的累积分布函数与理论瑞利分布之间的关系,概率密度函数分别由图 2.16 和图 2.17 给出。

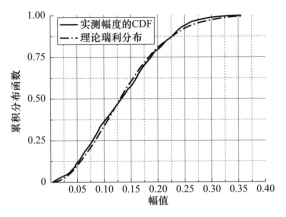

图 2.14 600MHz 下实测幅度的累积分布函数与理论瑞利分布

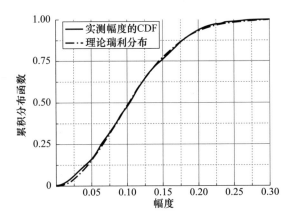

图 2.15 800MHz 下实测幅度的累积分布函数与理论瑞利分布对比

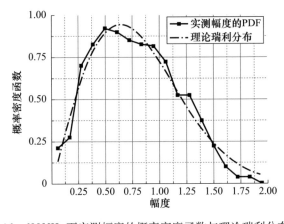

图 2.16 600MHz 下实测幅度的概率密度函数与理论瑞利分布对比

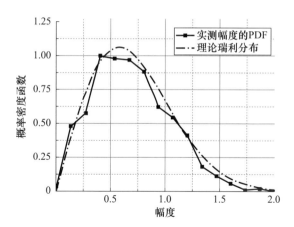

图 2.17　800MHz下实测幅度的概率密度函数与理论瑞利分布对比

需要注意的是,图 2.14～图 2.17 仅仅是给出混响室内电磁场的分布规律,其与理想分布规律的拟合度将在 2.7.6 节中讨论。

2.7.3　复杂样本的统计分布规律

如前所述,复杂实测数据(幅度和相位)的理想分布规律(混响室工作在过模状态以及非视距环境条件下)均呈正态分布(复合高斯分布)。本节给出了累积分布函数和概率密度函数与理论分布的对比曲线,并未给出拟合度。根据文献[24],理论正态分布已在式(2.47)和式(2.48)中进行了定义。

对于累积分布函数,有

$$F(x) = \frac{1}{2}\left[1 + \mathrm{erf}\left(\frac{x-\mu}{\sigma\sqrt{2}}\right)\right] (x \in \Re) \tag{2.47}$$

式中:$\mathrm{erf}(x)$ 为误差函数 $\mathrm{erf}(x) = \frac{2}{\sqrt{\pi}}\int_0^x e^{-t^2}dt$;$\mu$ 为平均值,且该正态分布的方差为 σ^2。

对于概率密度函数,有

$$f(x) = \frac{1}{\sigma\sqrt{2\pi}}e^{-(x-\mu)^2/2\sigma^2} (x \in \Re) \tag{2.48}$$

式中:μ 为平均值,该正态分布的方差为 σ^2。

图 2.18 和图 2.19 分别给出了 600MHz 和 800MHz 下实测复杂样本数据的累积分布函数与其理论正态分布对比。

图 2.20 和图 2.21 分别给出了 600MHz 和 800MHz 下实测复杂样本数据的概率密度函数与其理论正态分布对比。

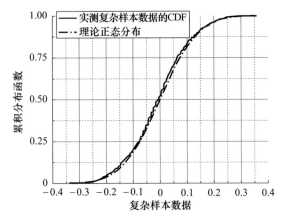

图 2.18　600MHz 下实测复杂样本数据的累积分布函数与理论正态分布对比

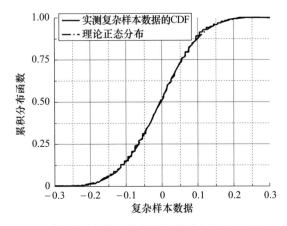

图 2.19　800MHz 下实测复杂样本数据的累积分布函数与理论正态分布对比

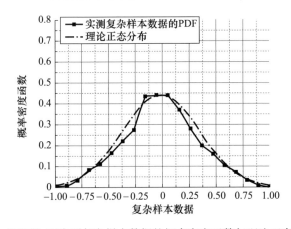

图 2.20　600MHz 下实测复杂样本数据的概率密度函数与理论正态分布对比

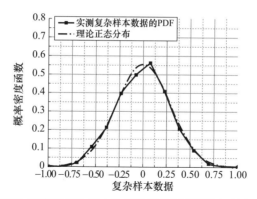

图 2.21 800MHz 下实测复杂样本数据的概率密度函数与理论正态分布对比

2.7.4 实测功率的统计分布规律

如前所述,对于从非视距场景中获得的样本数据来说,其理想统计分布规律呈指数分布。本节给出了实测功率样本数据以及理论累积分布函数和概率密度函数分布。这些理论分布是根据文献[24]定义的。

对于累积分布函数,有

$$F(x;\lambda) = \begin{cases} 1 - e^{-\lambda x} & (x \geq 0) \\ 0 & (x < 0) \end{cases} \quad (2.49)$$

式中:λ 为分布参数。

对于概率密度函数,有

$$f(x;\lambda) = \begin{cases} \lambda e^{-\lambda x} & (x \geq 0) \\ 0 & (x < 0) \end{cases} \quad (2.50)$$

图 2.22 和图 2.23 分别给出了 600MHz 和 800MHz 下实测功率的累积分布函数与其理论指数分布对比。图 2.24 和图 2.25 分别给出了 600MHz 和 800MHz 下实测功率的概率密度函数与其理论指数分布对比。

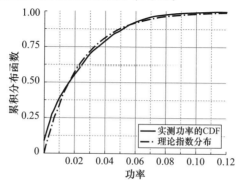

图 2.22 600MHz 下实测功率的累积分布函数与其理论指数分布对比

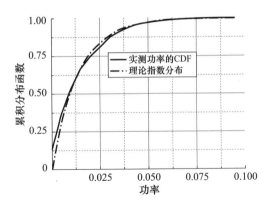

图 2.23　800MHz 下实测功率的累积分布函数与其理论指数分布对比

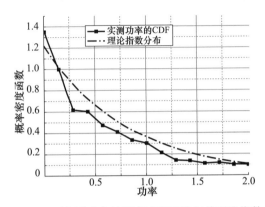

图 2.24　600MHz 下实测功率的概率密度函数与其理论指数分布对比

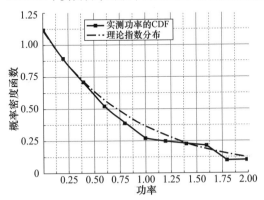

图 2.25　800MHz 下实测功率的概率密度函数与其理论指数分布对比

2.7.5　实测相位的统计分布规律

从非视距场景获得的相位是均匀分布的。本节给出了实测相位的均匀性及其理想分布。理论累积分布函数和概率密度函数分布的定义如下[24]。

对于累积分布函数,有

$$F(x) = \begin{cases} 0 & (x \leq a) \\ \dfrac{x-a}{b-a} & (a < x < b) \\ 1 & (x \geq b) \end{cases} \qquad (2.51)$$

对于概率密度函数,有

$$f(x) = \begin{cases} \dfrac{1}{b-a} & (a < x < b) \\ 0 & (其他) \end{cases} \qquad (2.52)$$

600MHz和800MHz下实测相位的累积分布函数与理论均匀分布对比分别如图2.26和图2.27所示,其概率密度函数与理论均匀分布对比分别如图2.28和图2.29所示。

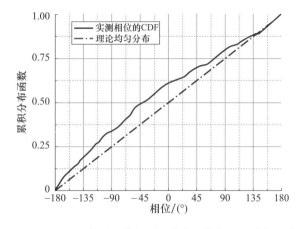

图2.26　600MHz下实测相位的累积分布函数与理论均匀分布对比

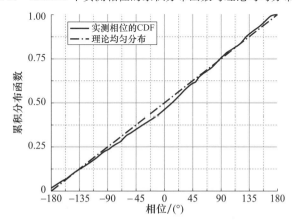

图2.27　800MHz下实测相位的累积分布函数与理论均匀分布对比

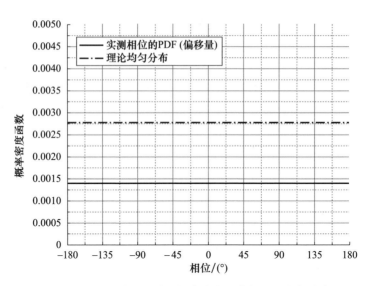

图 2.28 600MHz 下实测相位的概率密度函数与理论均匀分布对比

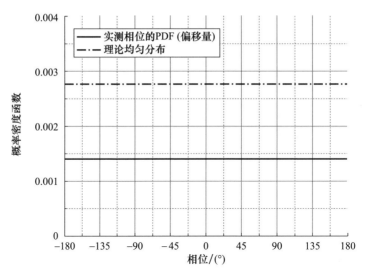

图 2.29 800MHz 下实测相位的概率密度函数与理论均匀分布对比

注意,在图 2.28 和图 2.29 中,为了更清楚地给出两种统计结果,实测数据分布规律增加了一个偏移量。

2.7.6 结论和建议

通过图 2.14 ~ 图 2.29 中实测数据和理论分布的对比,读者可能会误认为实测数据和理论分布之间的线性图一定非常接近,并因此确信实测数据与假想的理论分布规律是一致的。然而,仅通过这些对比图并不能得出正确的结论,仅依靠对比图进行观察是有问题的,这是因为对比图没有考虑到以下几点。

(1)零假设的定义和检验;
(2)检验无效假设置信区间的赋值;
(3)接受和拒绝基于(1)和(2)的零假设;
(4)接受或拒绝零假设时给定结果的概率;
(5)与其他方法或结果的比较。

在给出的例子中,(1)~(5)需要随测试频率的变化而变化,这使整个测试过程非常耗时。确实还有许多可行的统计方法,但要求满足上述约束条件的目的是获得更可靠的结果。

本书并不涉及对统计分布规律和具体分析方法的深入讨论,现对目前常用的两种检验方法进行简要的介绍,这两种方法均满足上述限制条件并可得到可靠的结果。

一种方法是Kolmogorov-Smirnov(KS)检验[25],KS检验只对连续的累积概率分布有效,并对未知样本的分布以及假设的连续分布进行检验。使用Matlab等软件进行分析时,可以假设样本服从某种分布并设定置信区间,KS检验会给出样本是否服从该假设分布,以及接受或拒绝该假设的概率。KS检验的缺点是在检验前必须指定样本的假设分布。这对于数据处理是非常不方便的,因为样本数据的标准偏差、平均值和与分布有关的相关参数都可能随着频率的变化而变化。

另一种方法是Lilliefors在1967年和1969年提出的放宽KS检验约束条件的检验方法,称为Lilliefors检验[26-27]。Lilliefors检验与KS检验具有相同的效果,但放宽了需要提前指定假设分布的限制。使用Matlab等软件可检验样本是否服从正态分布或指数分布。与单样本KS检验以及曲线拟合方法相比,该方法能够提供更准确的拟合度,因此在数据处理过程中建议采用这种方法。但涉及混响室中实测样本的幅值时,不一定需要这样的统计检验,可以使用一种更简单、直接的方法:莱斯K因子法。

2.8 视距路径

从统计学意义上说,如果混响室内存在视距路径,那么理想瑞利分布就会发生变化。当未充分搅拌功率占多数时,多径(搅拌功率)和视距路径(未搅拌功率)结合在一起,混响室内电磁场分布就会呈莱斯分布。

文献[28]给出的未搅拌功率和搅拌功率的定义如下。

未搅拌功率是指从发射天线直接耦合到待测天线上的功率,与混响室腔壁反射以及搅拌器工作模式的相互作用最小。

搅拌功率是由发射天线发出的,并与搅拌器充分作用后耦合到待测天线上的功率,包括来自腔壁(与搅拌器相互作用)的有效反射。

文献[28]深入讨论了如何使用混响室来模拟莱斯分布环境,并测试了相关应用场景下天线的性能,如在移动基站附近工作的天线性能测试。

若要模拟莱斯分布环境,则需要将发射天线和接收天线相互对准,这与混响室中的常规操作是不同的。一般来讲,混响室中发射天线需要指向机械搅拌器且远离接收天线,或直接指向混响室的一个角落,或隐藏在金属板、屏蔽物后面,以防止直接辐照路径的出现。

当发射天线和接收天线直接相对时,可以使用以下方法来配置不同级别的莱斯统计环境,文献[28]中提供的方法已经在试验上证实了混响室可提供莱斯K因子大于10的莱斯统计环境。

(1)改变发射天线和接收天线之间的距离;
(2)改变发射天线或接收天线的相对方位角;
(3)改变发射天线或接收天线的极化状态(同极化、45°和交叉极化);
(4)向混响室加载不同数量的吸波材料,如人体模型或圆柱体。

基于前文的讨论,对于混响室中的天线性能测试和电磁兼容测试,需要尽可能地减少未搅拌功率以及建立理想瑞利环境。此外,对于一些天线参数测试,如辐射效率和总辐射效率,未搅拌功率的存在都会提高测试的不确定度[29]。因此,对于这类测试必须尽可能地减少未搅拌功率的存在。

表征混响室中未搅拌功率的量称为莱斯K因子。关于推导这个量的完整过程,见文献[28]。

混响室中的测试基本上都会采用测量传递函数($|S_{21}|$)或($|S_{12}|$),该传递函数包含混响室的物理和统计特性。散射参数(S参数)取决于试验布局,并由直接耦合分量(d)和搅拌耦合分量(s)两部分组成[28]。

传递函数($|S_{21}|$)由两部分组成:

$$(|S_{21}|) = S_{21d} + S_{21s} \tag{2.53}$$

式中:S_{21d}为直接耦合分量;S_{21s}为搅拌耦合分量。

如果不存在搅拌耦合分量(纯视距环境),则只有直接耦合分量存在,如暗室中的电磁环境。

随着对统计分布规律研究的深入,可知在理想混响室条件下(纯 NLoS 场景),电磁场幅值的实测数据应为正态分布,且具有零平均值和相同方差:

$$\langle S_{21s} \rangle = 0 \tag{2.54}$$

式中:$\langle \rangle$为所述散射参数的平均值,且

$$\mathrm{var}[\mathrm{Re}(S_{21s})] = \mathrm{var}[\mathrm{Im}(S_{21s})] = \langle [\mathrm{Re}(S_{21s})]^2 \rangle = \langle [\mathrm{Im}(S_{21s})]^2 \rangle = \sigma_R^2 \tag{2.55}$$

式中:σ_R为标准偏差。

另外,直接耦合分量(S_{21d})的方差为零而平均值不为零:
$$\mathrm{var}[\mathrm{Re}(S_{21d})] = \mathrm{var}[\mathrm{Im}(S_{21d})] = \langle[\mathrm{Re}(S_{21d})]^2\rangle = \langle[\mathrm{Im}(S_{21d})]^2\rangle = 0 \tag{2.56}$$

由式(2.55)和式(2.56)可知,S_{21}的实部和虚部的方差可表示为[28]
$$\mathrm{var}[\mathrm{Re}(S_{21})] = \mathrm{var}[\mathrm{Im}(S_{21})] = \langle[\mathrm{Re}(S_{21})]^2\rangle = \langle[\mathrm{Im}(S_{21})]^2\rangle = \sigma_R^2 \tag{2.57}$$

或者
$$2\sigma_R^2 = \langle|S_{21} - \langle S_{21}\rangle|^2\rangle \tag{2.58}$$

S_{21}的平均值与直接耦合分量的关系如下:
$$d_R = |\langle S_{21}\rangle| \tag{2.59}$$

因此,莱斯 K 因子(未搅拌功率与搅拌功率的比)可表示为[28]
$$K = \frac{d_R^2}{2\sigma_R^2} = \frac{(|\langle S_{21}\rangle|)^2}{\langle|S_{21} - \langle S_{21}\rangle|^2\rangle} \tag{2.60}$$

图 2.30 给出了非视距场景中莱斯 K 因子试验测量布局图,水平极化的定向发射天线直接指向机械搅拌器,水平极化的定向对数周期接收天线远离发射天线,能最大限度地减少从发射天线直接传输到接收天线的功率比例,保证在测试过程中未搅拌功率的比例尽可能低。

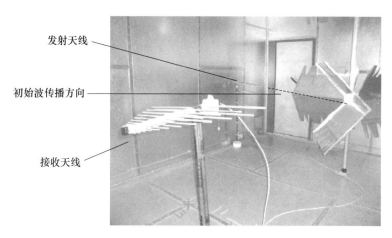

图 2.30 莱斯 K 因子试验的测量布局图

图 2.31 给出了利物浦大学混响室中莱斯因子随频率的变化曲线,由式(2.60)计算得出。

图 2.31 给出了 100~1000MHz 频率范围内的非视距莱斯因子,表 2.4 进一步给出了莱斯因子测试过程中的相关参数说明,本节中给出的是"平均莱斯因子",即式(2.60)中 K 的平均值,也是两次极化搅拌的测量结果。同时,测试过程中附带 25MHz 带宽的频率搅拌。

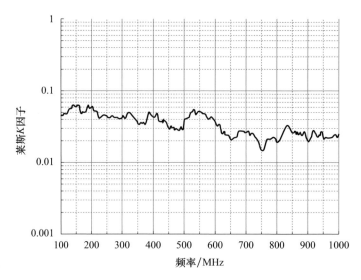

图 2.31　100～1000MHz 频率范围内的非视距莱斯因子

从图 2.31 可以看出,测得的莱斯 K 因子远小于 1,这表明混响室中的搅拌功率占主导地位,直接视距路径非常少,因此实测电磁场幅值是趋向瑞利分布的,而不是莱斯分布(理想瑞利分布,$K \rightarrow 0$)。

此外,功率的散射特性有助于产生理想的平面波到达角,如 2.4 节所述。根据测试结果,可以确定发射天线和接收天线的布局没有产生较大的直接耦合功率。发射天线的不同位置都需要检验,同时在接收端还要使用全向天线实时测量莱斯 K 因子的大小。

表 2.4 给出了这些试验的测量参数。图 2.32 给出了测试的发射天线的不同位置,图 2.33 给出了整个测试布局。

表 2.4　莱斯因子测试过程中的相关参数说明

参数	说明
频率/MHz	1000～6000
频点	1601
发射天线	小型(自制)维瓦尔第天线
接收天线(定向)	Rohde 和 Schwarz 双脊天线(HF 906)
接收天线(全向)	小型(自制)超宽带单极天线
混响室加载	无
电源功率/dBm	-7
搅拌设置	机械搅拌,步进角度为 1° 极化搅拌 25MHz 频率搅拌

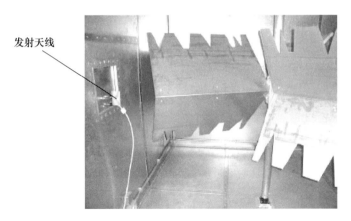

图 2.32　1000～6000MHz 的莱斯因子测试的发射天线的不同位置

图 2.33　1000～6000MHz 的莱斯因子测试布局

小型维瓦尔第(发射)天线,如图 2.32 所示,位于机械搅拌器正后方的固定刚性电缆上。这产生一个问题:会提高混响室莱斯因子吗?

定向接收天线(图 2.33)和全向接收天线的莱斯因子测试结果如图 2.34 所示。

从图 2.31 和图 2.34 可以看出,发射天线的不同位置和全向接收天线的使用都没对直接耦合功率的比例产生明显的影响。在较宽的频率范围内,混响室都能保持良好的性能。这说明混响室在标准运行条件下(没有专门配置的视距条件),腔室内的电磁环境是服从瑞利分布的。

可以通过图 2.35 和图 2.36 所示的散点图进一步检验混响室电磁环境是否服从瑞利分布。散点图是在笛卡儿坐标系中显示给定参数的位置。这里用来测量来自上述定向天线和全向天线的接收数据在 1000～6000MHz 的分布规律。

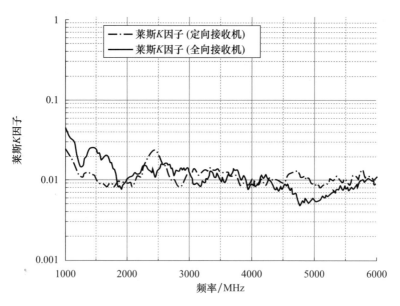

图 2.34　1000~6000MHz 的莱斯 K 因子测试结果

由式(2.54)可知,非视距环境中实测电磁环境数据的理想分布具有零平均值和相同的方差。通过散点图计算这些实测数据的平均值,能产生一系列围绕坐标原点的样本,从而证明搅拌功率占主导地位。任何明显的偏差都可以证明未搅拌功率占主导地位,从而导致电磁场分布偏离理想瑞利分布。

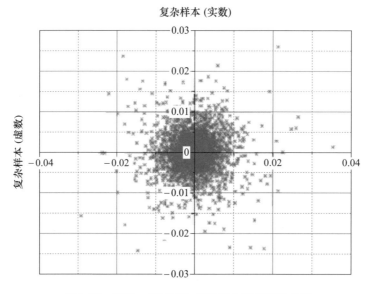

图 2.35　1000~6000MHz 定向接收天线的散点图

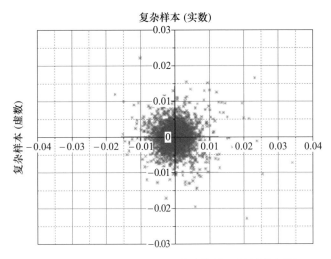

图 2.36 1000~6000 MHz 全向接收天线的散点图

图 2.31、图 2.34~图 2.36 进一步验证了利用混响室模拟非视距传播环境的可行性,并说明了莱斯因子法是验证混响室实测信道统计数据的一种有效方法。从两个散点图中都可以看到一些异常值,但数量并不是很多,不会对理想零均值产生很大的影响。

需要注意,实测信道样本数据都是在空载混响室中测得的。也就是说,混响室内只配置了发射天线和接收天线。在考虑混响室的性能时,还要考虑其加载性能,在具体的测试过程中,混响室内会存在一些支撑结构或陪试设备。

可以通过调整加载物的数量和布局抑制混响室中的谐振现象。如果加载量足够大,许多谐振模式将会被抑制,从而影响电磁环境的分布规律。也就是说,即便混响室内电磁环境边界条件发生变化,电磁场的不同模式也很难被同时激发,电磁场环境不会发生显著变化。这就意味着,测试的不确定度会很高,而且平面波到达角不再具有理想的各向同性特性,接收天线接收到的未搅拌功率也会增加(由于莱斯 K 因子的提高)。

随着加载量的增大,混响室将从多反射的电磁环境变成类似电波暗室内的电磁环境。虽然对于某些天线测量而言,由于天线尺寸较小,并不会对混响室造成过载,但当进行信道探测时,改变混响室的加载是一个非常有效的方法,这一点将在后面论述。

2.9 混响室作为无线电传播信道

2.9.1 信道参数

本节旨在更深入地研究如何在混响室内进行信道测量,进一步证明其用于空间无线(OTA)测试的适用性[29-30]。这项工作很重要,因为不仅需要探索如何在混响室中控制信道参数,而且需要研究这些参数与受试设备实际工作环境中相应参数的对比。将混响室内信道参数与实际环境关联起来,这样越来越多的信道测试都可以在混响室内完成,而不必在室外开展。

信道测试的主要参数如下。

(1) 时延扩展;

(2) 相干带宽;

(3) 多普勒频移;

(4) 相干时间。

以下将简要讨论这些信道测试参数,并根据文献推导如何在混响室中测量和计算这些参数,还会给出利物浦大学混响室中的实际测量结果。

2.9.2 相干带宽

相干带宽可以定义为信道相关的频率范围[30]。在多径环境中,测量均方根时延扩展比测量相干带宽 B_C 更容易[30]。根据文献[30]和式(2.61),这两个量成反比关系:

$$B_C = \frac{1}{k(\sigma_T)} \tag{2.61}$$

式中:k 为常数,其大小取决于环境;σ_T 为时延扩展。

为了完整性,可从下式[30]中推导出均方根时延扩展:

$$\sigma_T = \sqrt{\frac{\sum_k P(\tau_k)\tau_k^2}{\sum_k P(\tau_k)} - \left(\frac{\sum_k P(\tau_k)\tau_k}{\sum_k P(\tau_k)}\right)^2} \tag{2.62}$$

式中:$P(\tau) = |h(\tau)|^2$;在时延 τ_k 处的接收功率 $P(\tau_k)$ 为功率时延扩展;$h(\tau)$ 为信道频率响应的逆快速傅里叶变换(IFFT)获得的脉冲响应[30]。

文献[30]对相干带宽进行了深入的研究,试验表明相干带宽与平均模式带宽成正比(本章前面讨论过),且相干带宽与平均模式带宽相等。式(2.61)中的 k 取决于相干带宽。

相干带宽分为半带宽或全带宽(2倍宽度),其中复相关函数或包络相关函数的值为 0.5[30]。文献[30]中采用了复相关函数的定义。

根据文献[30],在混响室中,采用半带宽定义时,$k = 2\pi$;采用包络相关定义时,$k = 2\sqrt{3}\pi$。这与实测数据相一致,同时也证明了平均模式带宽实际上等于相干带宽。

2.9.3 多普勒频移

文献[29]给出了用于在混响室中进行仿真的多普勒频移的物理推导过程。多普勒频移可以定义为多普勒频谱高于某个阈值的频率范围[31]。由于无线设备和基站的各向同性灵敏度会受到传播信道中多普勒频移的影响,因此在混响室中进行仿真时需要对该量进行计算和控制。

通常情况下,在定义多普勒频移的过程中很容易得到多普勒频移的推导方法。文献[31]指出,在混响室中使用矢量网络分析仪可以非常方便地测量和计算多普勒频移,无须借助复杂的信号处理方法。

本节给出计算多普勒频移的公式,并提供利物浦大学混响室中多普勒频移的实测结果。

文献[31]还指出,多普勒频移可以在步进搅拌和连续搅拌模式下进行测量。在不同搅拌模式下,需要根据搅拌器的步数或转速测量 S_{21} 值。步进搅拌模式需要足够多的步进量,且每个步进位置处的电磁环境都要与前一个步进位置处的电磁环境相关联,以便满足奈奎斯特采样定理的要求——这与混响室常规操作完全相反。对于连续搅拌模式来说,只需按给定的速度旋转搅拌器,就可以得到测量样本。

一旦获得了测量样本,多普勒频谱 $D(f,\rho)$ 就可以根据下式推导出来[31]:

$$D(f,\rho) = H(f,\rho)H^*(f,\rho) = |H(f,\rho)|^2 \tag{2.63}$$

式中: $H(f,\rho)$ 为信道传递函数 $H(f,t)$ 相对于时间 t 进行傅里叶变换的结果; ρ 为多普勒频率;上标 $*$ 表示共轭。文献[31]指出,从时间与搅拌器速度的关系来看,步进信道传递函数 $H(f,t) = S_{21}(f,t)$。

文献[31]引入了均方根,而不是在不同阈值下评估多普勒频移,从而避免了不同阈值造成的误差。根据式(2.64)[31]可以推导出在一定频率 f_o 下的均方根多普勒带宽:

$$\rho_{\text{RMS}} = \left[\frac{\int \rho^2 D(f_o,\rho) \, d\rho}{\int D(f_o,\rho) \, d\rho} \right]^{1/2} \tag{2.64}$$

图 2.37 给出了利物浦大学混响室在连续搅拌模式下测得的多普勒频移。结果显示,在 3 种不同搅拌速度下,多普勒频移有明显变化。为了方便比较,还给出了多普勒频移 f_D 相应的理论推导,表示为

$$f_D = \frac{v}{\lambda} \tag{2.65}$$

式中: $v = 2\pi r/T$, $r = 0.9\text{m}$,为叶片半径; T 为一个完整旋转周期所需的时间。

根据文献[31],当使用该方法计算机械搅拌器的多普勒频移时,式(2.65)右侧必须乘以因子 2,因为搅拌器会像雷达一样对电磁波进行反射,这意味着多普勒

频移将会在发射天线和接收天线间加倍。

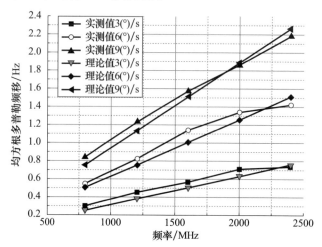

图 2.37　（见彩图）800～2400MHz 的均方根多普勒频移

为了表达清楚,图 2.37 中机械搅拌器的转动周期见表 2.5。

表 2.5　多普勒搅拌器旋转次数

指示速度/((°)/s)	对应时间/s
3	120
6	60
9	40

2.10　小结

本章讨论了使用混响室作为相关测试平台的理论依据,研究了混响室腔室内电磁场的性质、扰动电磁场边界条件的模式搅拌技术,并给出了平面波到达角、平均模式带宽、品质因数和传播信道等多个混响室参数的定义及测量方法,还将这些参数对试验结果的影响进行了实际测试。此外,还给出了混响室信道参数,并进行了实际测试。最后对本章所介绍的混响室理论进行了整理,以便读者能够深入了解混响室的基本原理和理论基础,进而完成各种实际工作。这些有利于提高测试结果置信度和准确性。

参考文献

[1] R. F. Harrington,*Time – Harmonic Electromagnetic Fields*,New York:McGraw – Hill,1961.

[2] C. A. Balanis, *Advanced Engineering Electromagnetics*, New York: John Wiley & Sons, Inc., 1989.

[3] J. D. Jackson, *Classical Electrodynamics*, 3rd ed.: New York: John Wiley & Sons, Inc., 1999.

[4] J. D. Kraus, *Electromagnetics*, 4th ed.: New York: McGraw Hill, 1991.

[5] D. A. Hill, *Electromagnetic Fields in Cavities: Deterministic and Statistical Theories*, New York: John Wiley & Sons, Inc., 2009.

[6] Y. Huang, 'The Investigation of Chambers for Electromagnetic Systems', D Phil Thesis, Department of Engineering Science, University of Oxford, 1993.

[7] C. L. Holloway, H. A. Shah, R. J., Pirkl, W. F. Young, D. A. Hill and J. Ladbury, 'Reverberation chamber techniques for determining the radiation and total radiation efficiency of antennas', *IEEE Transactions on Antennas and Propagation*, vol. 60, pp. 1758 – 1770, 2012.

[8] D. A. Hill, 'Boundary fields in reverberation chambers', *IEEE Transactions on Electromagnetic Compatibility*, vol. 47, pp. 281 – 290, 2005.

[9] P. S. Kildal and C. Carlsson, 'Detection of a polarization imbalance in reverberation chambers and how to remove it by polarization stirring when measuring antenna efficiencies', *Microwave & Optical Technology Letters*, vol. 34, pp. 145 – 149, 2002.

[10] P. S. Kildal, X. Chen, C. Orlenius, M. Franzen and C. L. Patane, 'Characterisation of reverberation chambers for OTA measurements of wireless devices: Physical formulation of channel matrix and new uncertainty formula', *IEEE Transactions on Antennas and Propagation*, vol. 60, pp. 3875 – 3891, 2012.

[11] K. Rosengren, P. S. Kildal, C. Carlsson and J. Carlsson, 'Characterisation of antennas for mobile and wireless terminals in reverberation chambers: Improved accuracy by platform stirring', *Microwave & Optical Technology Letters*, vol. 30, pp. 391 – 397, 2001.

[12] K. Rosengren and P. S. Kildal, 'Study of distributions of modes and plane waves in reverberation chambers for the characterisation of antennas in a multipath environment', Microwave & Optical Technology Letters, vol. 30, pp. 386 – 391, 2001.

[13] P. S. Kildal, *Foundations of Antennas: A Unified Approach*, Sweden: Studentlitteratur, 2000.

[14] S. J. Boyes, Y. Huang and N. Khiabani, 'Assessment of UWB antenna efficiency repeatability using reverberation chambers', 2010 IEEE International Conference on Ultra – Wideband (ICUWB), vol. 1, IEEE, 20 – 23 September 2010, Nanjing, pp. 1 – 4.

[15] BS EN 61000 – 4 – 21: 2011, 'Electromagnetic Compatibility (EMC) testing and measurement techniques: Reverberation chamber test methods', 2011.

[16] X. Chen and P. S. Kildal, 'Theoretical derivation and measurement of the relationship between coherence bandwidth and RMS delay spread in reverberation chambers', 3rd *European Conference on Antennas and Propagation*, 2009. EuCAP 2009, IEEE, 23 – 27 March 2009, Berlin, pp. 2687 – 2690.

[17] X. Chen, P. S. Kildal and L. Sz – Hau, 'Estimation of average Rician K factor and average mode bandwidth in loaded reverberation chamber', *IEEE Antennas and Wireless Propagation Letters*, vol. 10, pp. 1437 – 1440, 2011.

[18] P. Corona, G. Latmiral and E. Paolini, 'Performance and analysis of a reverberating enclosure with variable geometry', *IEEE Transactions on Electromagnetic Compatibility*, vol. 22, pp. 2 –

5, 1980.

[19] D. A. Hill, M. T. Ma, A. R. Ondrejka, B. F. Riddle, M. L. Crawford and R. T. Johnk, 'Aperture excitation of electrically large, lossy cavities', *IEEE Transactions on Electromagnetic Compatibility*, vol. 36, pp. 169 – 178, 1994.

[20] U. Carlberg, P. S. Kildal, A. Wolfgang, O. Sotoudeh and C. Orlenius, 'Calculated and measured absorption cross sections of lossy objects in reverberation chamber', *IEEE transactions on Electromagnetic Compatibility*, vol. 46, pp. 146 – 154, 2004.

[21] P. S. Kildal, C. Orlenius, J. Carlsson, U. Carlberg, K. Karlsson and M. Franzen, 'Designing reverberation chambers for measurements of small antennas and wireless terminals: Accuracy, frequency resolution, lowest frequency of operation, loading and shielding of chamber', *First European Conference on Antennas and Propagation*, 2006. EuCAP 2006, IEEE, 6 – 10 November 2006, Nice, pp. 1 – 6.

[22] W. C. Jakes, *Microwave Mobile Communications*, New York: John Wiley & Sons, Inc., 1974.

[23] J. G. Kostas and B. Boverie, 'Statistical model for a mode – stirred chamber', *IEEE Transactions on Electromagnetic Compatibility*, vol. 33, pp. 366 – 370, 1991.

[24] L. C. Andrews and R. L. Phillips, *Mathematical Techniques for Engineers and Scientists*, Bellingham: SPIE Press, 2003.

[25] F. J. Massey, 'The Kolmogorov – Smirnov test for goodness of fit', *Journal of the American Statistical Association*, vol. 46, pp. 68 – 78, 1951.

[26] H. W. Lilliefors, 'On the Kolmogorov – Smirnov test for normality with mean and variance unknown', *Journal of the American Statistical Association*, vol. 62, pp. 399 – 402, 1967.

[27] H. W. Lilliefors, 'On the Kolmogorov – Smirnov test for the exponential distribution with mean unknown', *Journal of the American Statistical Association*, vol. 64, pp. 387 – 389, 1969.

[28] C. L. Holloway, D. A. Hill, J. M. Ladbury, P. F. Wilson, G. Koepke and J. Coder, 'On the use of reverberation chambers to simulate a Rician radio environment for the testing of wireless devices', *IEEE Transactions on Antennas and Propagation*, vol. 54, pp. 3167 – 3177, 2006.

[29] P. S. Kildal, S. H. Lai and X. Chen, 'Direct coupling as a residual error contribution during OTA measurements of wireless devices in reverberation chamber', *2009 IEEE Antennas and Propagation Society International Symposium and Usnc/Ursi National Radio Science Meeting*, vols 1 – 6, IEEE, June 2009, pp. 1428 – 1431.

[30] X. Chen, P. S. Kildal, C. Orlenius and J. Carlsson, 'Channel sounding of loaded reverberation chamber for over the air testing of wireless devices – Coherence bandwidth vs average mode bandwidth and delay spread', *IEEE Antennas and Wireless Propagation Letters*, vol. 8, pp. 678 – 681, 2009.

[31] K. Karlsson, X. Chen, P. S. Kildal and J. Carlsson, 'Doppler spread in reverberation chambers predicted from measurements during step wise stationery stirring', *IEEE Antennas and Wireless Propagation Letters*, vol. 9, pp. 497 – 500, 2010.

第 3 章
机械搅拌器设计与混响室性能评价

本章将介绍一种混响室机械搅拌器的设计思路及具体方法。搅拌器的设计原则是尽可能地提高混响室的性能,防止模式数降低而导致混响室的性能下降。

为了评估搅拌器的性能,需对混响室的实际性能进行测试和验证。本章详细介绍了一种评估混响室性能的方法,包括其操作流程、基本原理和样本数据处理方法。该方法有助于试验人员更好地对混响室实际性能进行测试,并准确获取混响室性能的有关信息。

3.1 概述

如第 2 章所述,在混响室激励源区域以外的空间中,电磁场分布是由横向电场和横向磁场叠加而成的。理论上已经证明,混响室内的电磁场是由驻波形成的,而驻波具有正弦和余弦性质。此外,还确定了机械搅拌器是混响室中电磁场分布实现统计均匀和各向同性的关键工具之一,从而使混响室电磁环境满足电磁兼容测试和天线测量的要求。

人们普遍认为混响室的性能会随着频率的升高而提高。原因如下。

(1) 随着频率的增加,混响室内电磁波模式数量也会增加,这符合 Weyl 定律,可用的电磁波模式数量与工作频率的三次方以及混响室体积成正比。

(2) 为了促进电磁场场分布发生改变,需要激发不同的电磁波模式。

除这两点外,混响室内机械搅拌器的电学尺寸必须足够大,能够对电磁波模式进行充分搅拌处理(搅拌器能够充分改变边界条件,从而改变模式的谐振频率)。

频率越低,混响室内存在的电磁波模式数量就越少。在频谱上,各个模式的谐振频率间隔就越远,使不同模式同时激发变得更加困难。很明显,工作频率电磁波波长越长,搅拌器的电学尺寸就越小,从而降低了搅拌效率。

图 3.1 给出了利物浦大学混响室在低频域和高频域的模式密度,每条垂直线代表一种模式。由图可知,对于较低的频率,激发不同的电磁波模式并改变电磁场

分布会很困难。图 3.1 中的钟形曲线为"平均模式带宽",其定义为腔室在谐振频率 f_0 下模式功率大于 f_0 处激励功率一半的频率带宽。尽管宽度很窄,但也证明了在高频下可以激发多种模式。

在模式结构方面,人们会试图对混响室施加较大的载荷,以扩展平均模式带宽。然而,如果平均模式带宽过大,机械搅拌器会很难改变电磁场模式结构,从而不能激发出电磁场的不同模式。其结果是电磁场的场分布不会出现显著变化,测试结果会出现较大偏差。

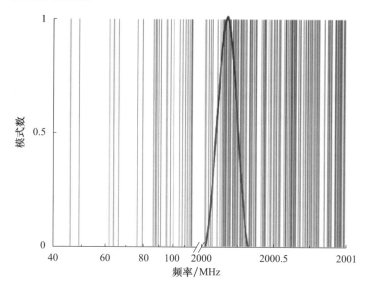

图 3.1　低频域和高频域的模式密度

此外,在混响室中加载大量的吸波材料,可以抑制谐振模式以及来自给定方向的平面波到达角,从而提高混响室中未搅拌功率的比例(增大莱斯 K 因子)。但这两种结果都不是提高混响室性能所需要的。

还有一种简单的方法是增大混响室的尺寸,以便在工作频率下存在多种可用电磁波模式。这种办法确实值得考虑,但随着频率的降低,混响室始终会面临同样的问题。

在机械搅拌器的设计方面,研究人员有不同的看法。在撰写本书时,对于搅拌器的设计或造型并没有任何标准化的样式可参考。但是也确实存在一些"经验法则",从电学角度来说,在工作频率下应该使用大型的搅拌器[1]。但过大的搅拌器会占用过多混响室空间,因此在实践中通常使用两个或多个搅拌器来达到同样的或更好的性能水平[2]。

文献[3]研究了搅拌器角度、高度和宽度(高宽比)对混响室品质因数、场均匀性、激发模式数和搅拌器效率(独立样本数)的影响。结果表明,搅拌器并联时性能最好,在这种情况下,搅拌器桨叶最优的设计尺寸:夹角 90°,纵向高度最小

80cm,横向长度为1个工作波长。

Wellander、Lunden 和 Backstrom[4]进行了试验和数学建模研究。结果表明,增大搅拌器直径可以大幅提高搅拌效率。但增大搅拌器的物理直径后,会占据更大的测试空间,从而减少室内的工作区域范围。这不是理想设计所期望的,因此还可以通过改变高宽比重新设计搅拌器,使其占用更少的空间范围[4]。

Arnaut[5]提出了一个搅拌器尺寸、夹角和偏心率对混响室性能影响的数学模型。研究发现,在足够大的旋转半径下,搅拌器的偏心率对混响室性能的影响大于高宽比或夹角的影响。这一结论与 Clegg[6]的早期研究一致,Clegg 提出了一种基于遗传算法和传输线矩阵(transmission line matrix,TLM)的金属板型搅拌器设计。文献[7]中也提出了TLM 方法。

回顾上述已发表的文献(不包括文献[1-2]),它们的一个共同点是搅拌器的设计都使用了固体金属板。本章将对搅拌器桨叶的设计进行重新思考,是否可以进行改进。设计思路是通过增加宽带并降低模式密度来改善混响室性能。

本章首先讨论搅拌器桨叶的设计方法,给出设计的理论原则,并将利用数值分析提高搅拌器桨叶的效率。同时给出一个验证实例,详细说明如何评估混响室的性能。

3.2 搅拌器桨叶设计方法

设计思路是在搅拌器桨叶上预留各种切口,而不是把固体金属板直接用作桨叶。图3.2对这一概念进行了详细说明。

支持这种思路理论的基础是弯折线理论。增大搅拌器直径可改善搅拌器的低频性能。根据弯折线理论,增加天线外形周长可以降低天线结构的谐振能力,而无须增大天线整体物理尺寸[8]。

(a) (b)

图3.2 搅拌器桨叶

(a)标准实心桨叶;(b)预留切口桨叶。

对搅拌器桨叶结构的处理与天线类似。在保持搅拌器桨叶物理尺寸不变的情况下,可以采用弯折线理论增大其结构的电学周长尺寸。桨叶上的切口设计可以增加金属板电流路径长度,当平面波与之接触时,就会产生感应电流。

搅拌器桨叶上的感应电流会出现最大值[7],这是桨叶的谐振能力降低的原因。当电流路径较长时,搅拌器在较低频率下就会发生谐振。如果搅拌器低频谐振能力较高,它就有可能在较低的频率下与电磁波相互作用,而标准实心金属板不会有如此好的性能。

另一个设计思路来源于文献[5]中关于偏心率的论述。由于桨叶上切口尺寸的不同,具有一定的偏心率。因此,随着这种结构的旋转,就会形成一个偏心的旋转体积,可提高混响室的性能。

现在有一些普遍性的问题。

(1)这样的设计是怎么产生的?

(2)有什么证据表明这种方法有效且性能更好?

这两个问题将在 3.3 节中做出回答。设计思路已将混响室性能和机械搅拌器结合起来。混响室中的场分布可以用腔室的模式数量[9]表示,并且模的谐振频移意味着场分布的变化[7],因此可以应用以下方法。

本章中提出的特征模式分析是以使用球形空腔为基础的。由于存在多重简并模式,球形空腔并不是良好的混响室结构选择,但球形空腔也具有很多优势。

(1)由于腔体完全对称,搅拌器不需要旋转,可以节省时间和计算资源;

(2)矩形腔室需要旋转搅拌器桨叶,获得的结果都随搅拌器转动而变化;

(3)此处介绍的所有设计均需在相同条件下进行评估,以便比较性能。

使用这种方法的结果如下。

(1)得到空载混响室的本征频率(λf_{empty})。

(2)将后续设计分别导入混响室,而后计算出加载本征频率(λf_{loaded})。

(3)根据式(3.1)计算出本征频移($\Delta \lambda f$)。

$$\Delta \lambda f = |\lambda f_{empty} - \lambda f_{loaded}| \quad (3.1)$$

简单地说,设计过程中遵循的原则是最大限度地置换本征频率,这与 Wu 和 Chang[7]的观点是一致的,他们认为有效搅拌背后的关键机制在于其改变本征频率的能力。

3.3 数值分析

数值分析使用的是著名的商业软件 CST Microwave Studio[10]。图 3.3 给出了本次仿真中使用的搅拌器桨叶模型。

图 3.3 中,该混响室的内部体积为 2.144 m³(半径为 0.8m)。该设置考虑了

混响室中可用模式总数和仿真所需的总计算时间和资源。

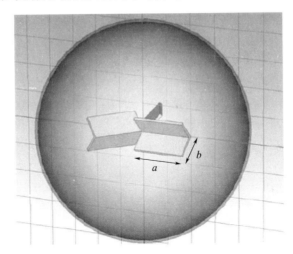

图 3.3　标准搅拌器桨叶数值模拟建模

从图 3.3 可知，3 个金属板围绕球形腔的中心彼此相连，外形配置与现有混响室的搅拌器外观设计相似（图 3.2）。在给定混响室中，如果要保留已有布局，那么根据已有的布局可以很方便地设计出金属板结构。

仿真中金属板的尺寸配置：宽度 $a=0.40\mathrm{m}$，高度 $b=0.35\mathrm{m}$。选择这种配置的原因是，高宽比（b/a）为 0.875，与真实混响室中搅拌器桨叶设置的高宽比一致。数值仿真也要尽可能地以物理现实为基础，从而方便配置不同的金属板尺寸和布局。

仿真所用的混响室由厚 1cm 的铝板制成，混响室填充介质是空气（自由空间）。为数值仿真选择的边界条件是 $E=0$。也就是说，电磁场在混响室壁上收敛到零。这种边界条件与真实物理混响室内的边界条件一致。

弯折线切口的总长度与前 3 个重叠模式频率的波长相当。在仿真过程中，尺寸为 0.99m 实心金属板搅拌器对应的谐振频率为 304MHz，当预留切口后，相当于 2.60m 的搅拌器，对应的谐振频率为 115MHz。也就是说，相同物理尺寸的搅拌器，含切口的电学尺寸明显大于实心金属板的电学尺寸（宽度为 1.00m，高度为 0.58~0.90m），从而可以降低谐振频率。

做出这种选择有以下几个原因。

（1）为设计选择的波长对应于 1MHz 内至少存在一种谐振模式。没有选择更低的频率是因为低频段模式结构过于稀疏。

（2）在这个范围内，当确定切口的结构时，切口长度的选择具有一定的灵活性。如果切口长度很长，会在一定程度上限制这种灵活性。

（3）没有选择更高的频率，是因为搅拌器谐振能力的界限已经设想为可能达到的最大值。

这种方法适用于各类混响室中不同频率范围下搅拌器的设计。

3.3.1 切口数量的影响

这里研究的是哪种类型的设计能够在较低模式数下能表现得更好。

首先,对搅拌器上切口数量进行研究。表 3.1 给出了切口数量研究仿真参数说明。图 3.4 给出了切口数量的仿真研究,图 3.5 给出了切口数量的本征频移。

从图 3.5 可以看出,搅拌器桨叶上的切口数量越少,其搅拌效果越好。从仿真计算上讲,这个结果是有利的,因为切口越少,所用的仿真资源就越少。尽管在某些区域,模式的本征频率明显偏离其原始(空腔)的谐振频率,但也存在很少或根本没有本征频移的区域。在实践中,相比于单个频点响应,宽带响应是有优势的。

表 3.1 切口数量研究仿真参数说明

参　数	说　明
仿真设置	矩形切口
	搅拌器各桨叶呈 90°角
	切口周期性排列
	搅拌器各桨叶尺寸一致

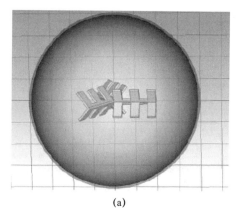
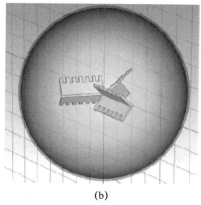

(a)　　　　　　　　　　　　(b)

图 3.4　切口数量的仿真研究

(a)2 个切口;(b)6 个切口。

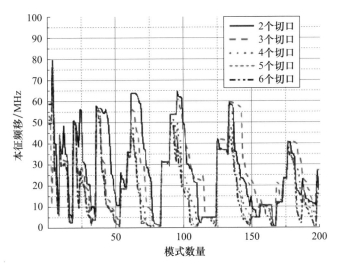

图 3.5 （见彩图）切口数量的本征频移

3.3.2 切口周期性的影响

其次,研究切口周期性的影响。也就是说,切口是周期性的还是非周期性的? 这里主要考虑长度、宽度和不对称的设计。目的是摸清不同设计对频率响应的影响。切口的尺寸设定为工作频率半波长的整数倍。表 3.2 给出了周期性研究仿真参数说明。

表 3.2 周期性研究仿真参数说明

参　数	说　明
仿真设置	矩形切口
	搅拌器各桨叶呈 90°
	仅切口长度不同 选择 3 种切口长度 3 × (λ/2)： 0.37m 0.24m 0.177m
	搅拌器各桨叶尺寸一致
	镜像设计

图 3.6 给出了非周期性研究 1,图 3.7 给出了本征频移的影响。从图 3.7 中可以看出,与周期性出现的各种切口不同,不同的切口长度使本征频移在某些位置有所增强。但它不是宽带响应,这种设计仍是不理想的。

然后,改变切口的长度和宽度,以评估整体响应。表3.2给出了仿真参数设置,切口尺寸略有变化。选择 $3 \times (\lambda/2)$ 切口尺寸分别为:0.39m、0.26m和0.177m。

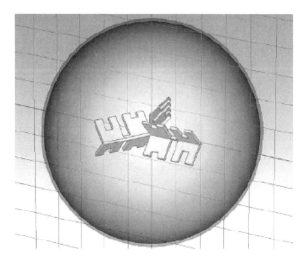

图3.6 非周期性研究1:仅改变切口长度

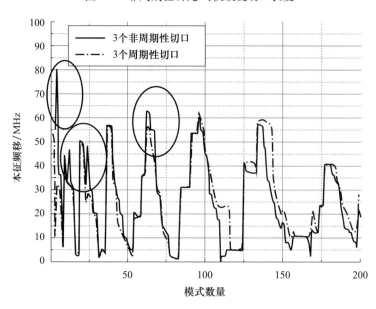

图3.7 切口周期性对本征频移的影响

图3.8给出了非周期性研究2,本征频移影响见图3.9。从图3.9可以看出,在一定程度上,切口长度和宽度的变化会造成本征频率偏移。但是这仍不是宽带设计,性能令人不满意。

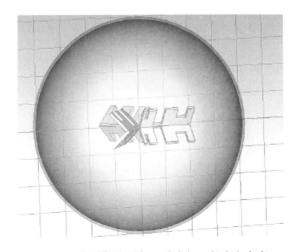

图3.8 非周期性研究2:改变切口长度和宽度

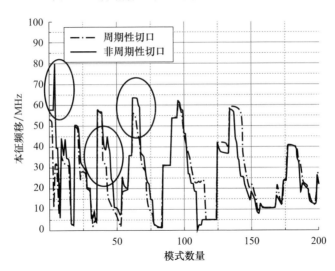

图3.9 切口周期性对本征频移的影响

最后,改变设计,使搅拌器顶部和底部呈现非镜像的不对称结构。采用了与图3.8中相同的仿真参数。结果显示,与图3.9所示的结果略有不同,简洁起见没有给出结果。实际应用中搅拌器的设计最好不要有旋转对称性[5]。

在保留不同长度和宽度以及非镜像设计思路下,接下来研究不同形状切口的影响。

3.3.3 切口形状的影响

本节比较了矩形、三角形和法向螺旋形3种切口形状:首先选择三角形切口。

053

表3.3给出了这种仿真模型参数说明。图3.10详细给出了仿真模型,本征频移结果见图3.11。

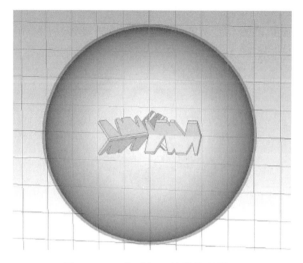

图3.10　三角形切口的搅拌器模型

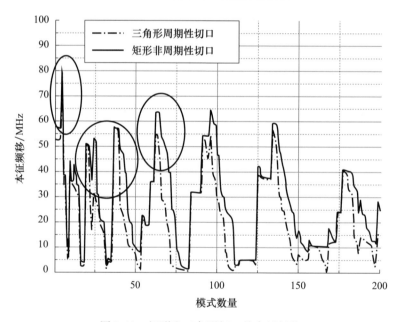

图3.11　矩形和三角形切口的本征频移

从图3.11可以看出,相比于三角形切口,矩形切口具有较好的低频谐振能力和频率响应。此外,还研究了改变三角形切口角度的影响,发现其对图3.11中的本征频移结果没有显著改善。

表3.3 切口形状研究仿真参数说明

参　数	说　明
仿真设置	三角形切口
	搅拌器各桨叶呈90°角
	不同长度的切口
	周期性切削角(40°)
	3种切口长度3 × (λ/2)： 0.3236m 0.206m 0.08m
	搅拌器各桨叶尺寸一致
	非镜像设计

到目前为止,已经确定矩形切口比三角形切口有更好的低频谐振能力——文献[8]中也在单极子天线上验证了这一结论,通过改变切口的长度和宽度,可以改善整体频率响应。但只是对窄带响应进行了改进,而实际操作中需要的是宽带响应。

从实际操作来讲,开凿矩形(直棱)切口比开凿不同角度和长度的三角形切口更方便。因此,这里不再进一步探讨三角形切口的设计。接下来的研究着眼于法向螺旋形设计,并评估这种切口的性能。表3.4给出了切口形状研究2的仿真参数说明。

表3.4 切口形状研究2的仿真参数说明

参　数	说　明
仿真设置	法向螺旋切口
	搅拌器各桨叶呈90°角
	相同长度的切口：切口间隔为0.25m
	搅拌器各桨叶尺寸一致
	非镜像设计

图3.12给出了数值仿真模型,本征频移结果见图3.13。从图3.13中可以看出,在模式数较低的情况下,螺旋形结构大大提高了低频谐振能力,在性能上优于矩形切口。但是与周期性切口一样,该设计本身不是宽带的。为了使搅拌器结构实现宽带化,设想在搅拌器上开凿多个不同的半波长大小的独立切口,以便在相应频率范围内,都存在尺寸大小可比切口,使搅拌器与平面波进行有效作用。仿真数据见附录C。

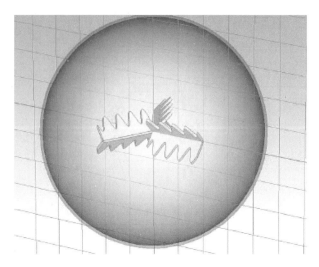

图 3.12　螺旋切口对混响室性能的影响

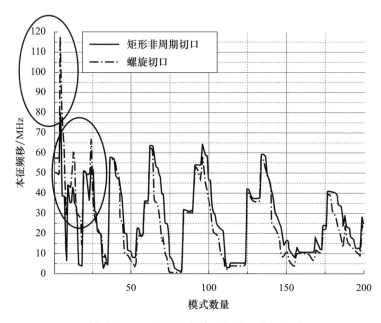

图 3.13　矩形切口和螺旋形切口的本征频移

要在搅拌器上开凿多个不同尺寸的螺旋形切口是很困难的。虽然螺旋形状的结构具有一定的应用前景,但由于并非宽带响应,因此不再对螺旋形切口进行研究。

由于科赫分形切口的开凿过程极其复杂,因此也不再考虑范围内,尽管这些类型的切口可能有助于改善性能。

3.3.4 切口的复杂性

目前,设计思路侧重于在搅拌器桨叶上开凿有多个不同频率半波长大小的切口,以提供宽带特性。开凿不同切口的时候,可以灵活应用直边切口。

本节探讨矩形切口的复杂性对搅拌器性能的提升,探讨是否应在垂直和水平搅拌器上都预制切口。如前所述,搅拌器上可用的切口越多,就越具有宽带特性,需要垂直平面适应桨叶上的所有切口。

尽管现有混响室普遍配备两套机械搅拌器,分别为垂直安装和水平安装。但当使用混响室进行测量时,发射天线通常直接对准垂直安装的搅拌器,如图 3.14 所示。

图 3.14 发射天线朝向垂直安装的搅拌器

本试验采用极化搅拌技术。在实际应用中,极化搅拌技术是通过将发射天线直接朝向搅拌器实现的。搅拌器上的垂直和水平切口理论上可以同时满足垂直极化和水平极化发射要求。

有的混响室采用了内置多个发射天线,通过垂直极化波和水平极化波的组合,而不是依靠单个天线来激励。然而无论是单天线激励还是多天线激励,都需要在搅拌器上预制切口以增大其电学尺寸,从而提高低模式密度性能。

表 3.5 给出了仿真模型参数说明。图 3.15 和图 3.16 给出了复杂切口的详细物理模型。图 3.16 中的切口设置是为了使矩形切口具有更强的谐振能力,而在原始的矩形切口并不具备谐振能力。这种设计是为了涵盖不同的波长范围,而切口方向是为了能够将所有切口预制到同一块金属板上,这就解释了设计的复杂性。

图 3.17 给出了复杂切口的数值仿真结果,并与之前的 3 种不同非周期性切口进行对比。

表 3.5 切口复杂性仿真参数说明

参　数	说　明
仿真设置	矩形切口设计
	搅拌器各桨叶呈 90°角
	10 个半波长切口(尺寸均不同)
	搅拌器各桨叶尺寸一致
	非镜像设计
	非周期性排列

由图 3.17 可知,复杂矩形切口的性能高于原始矩形切口的简单设计。这里的复杂设计具备所需的宽带频率响应。图 3.17 中的数值仿真结果为采用半波长切口理论提供了依据,并为不规则形状的机械搅拌器桨叶具有更高效的模式搅拌效率这一项推想提供了支撑。

将复杂的切口与完全没有切口的标准搅拌器进行比较(图 3.18),可以看到复杂切口有助于增强搅拌器性能。

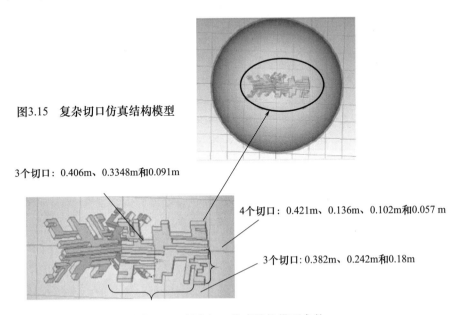

图3.15　复杂切口仿真结构模型

3个切口:0.406m、0.3348m和0.091m

4个切口:0.421m、0.136m、0.102m和0.057 m

3个切口:0.382m、0.242m和0.18m

图 3.16　复杂切口仿真结构模型参数

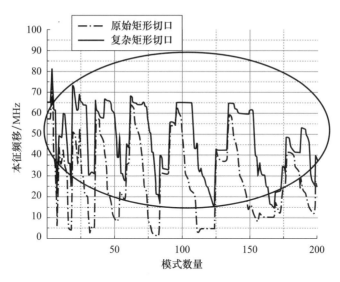

图 3.17　复杂矩形切口和原始矩形切口对本征频移的影响

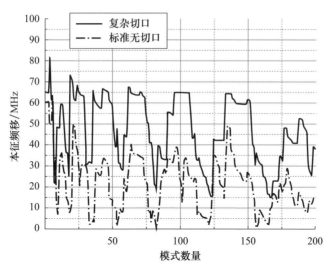

图 3.18　复杂切口和标准无切口搅拌器对本征频移的影响

有了搅拌器设计的理论依据,下一步将通过改变搅拌器的物理尺寸来进一步提高性能。

3.3.5　搅拌器桨叶尺寸变化

回顾之前关于偏心率的陈述和文献[5]中提出的基本原理,以及文献[7]中有关旋转对称性对混响室性能影响的研究可知,电大尺寸中的旋转对称性和同轴模式都有助于抑制随机性。因此,在混响室中,重复搅拌模式不会获得额外的搅拌效果[7]。

从理论上讲,搅拌器对电磁波的反射和散射属于混响室边界的一部分[5]。因此,有人指出与在腔壁光滑的腔体中使用大型复合搅拌器相比,在高度复杂的波纹腔中使用小型单一搅拌器可能会产生统计学上更均匀的场分布[5]。

本试验中混响室内壁是光滑的,实际上绝大多数的混响室都是光滑的金属矩形腔体,因此适用前文关于旋转对称性和偏心率的描述。

在这项研究中,3 组仿真桨叶的尺寸各不相同,以此评估采用非旋转对称和偏心率的效果。

这里进行了两项独立的研究。一组搅拌器保持原始尺寸,其他两组搅拌器的高度分别为原始尺寸的 1.25 倍和 1.50 倍;另一组搅拌器保持原始尺寸,其他两组搅拌器的高度分别为原始尺寸的 1.50 倍和 1.75 倍。

表 3.6 给出了仿真模型参数说明,图 3.19 给出了仿真模型物理结构。图 3.20 给出了数值仿真结果,比较了改变搅拌器尺寸对复杂设计的影响。

表 3.6　搅拌器尺寸仿真模型参数说明

参　　数	说　　明
仿真设置	矩形切口设计
	搅拌器各桨叶呈 90°角
	10 个半波长切口(尺寸均不同)
	非镜像设计
	非周期性排列
	1 组搅拌器为原始尺寸
	1 组搅拌器的高度分别为原始尺寸的 1.25 倍和 1.50 倍
	1 组搅拌器的高度分别为原始尺寸的 1.50 倍和 1.75 倍

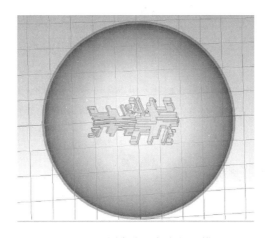

图 3.19　不同高度的复杂切口模型

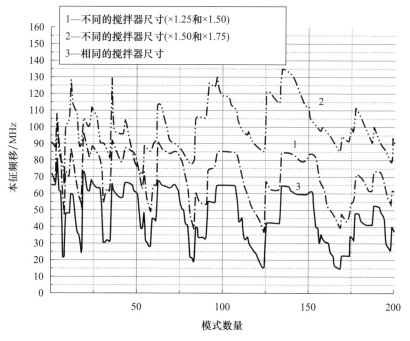

图 3.20 不同尺寸搅拌器的本征频移

从图 3.20 中可以看出,搅拌器电学尺寸的增大,可以更好地改变混响室中的模式结构。此外,由于每组搅拌器尺寸不同,因此在搅拌器上预制的切口也会相应地缩小和放大,这意味着整个搅拌器上会有更多不同尺寸的切口,可以提供更好的宽带特性。

实际上,搅拌器会受到混响室实际尺寸的约束。在真实混响室中,将仿真模型放大到全尺寸时,搅拌器会触碰腔室内壁(受限于搅拌器所在的位置),利物浦大学混响室不允许桨叶高度增加至原始尺寸的 1.50 倍和 1.75 倍。由于高度增加 1.25 倍和 1.50 倍确实需要足够的间隙,因此这里的结果只用于实际验证时需要采取的措施。

3.4 实际验证

方便起见,在评估混响室的性能时,通常会参考相关标准[11],并通过测试电磁场均匀性评估混响室性能。标准中的要求如下。

(1)测量混响室测试区域 8 个顶点位置的最大电场值,包括电场的 3 个正交方向的值(x、y 和 z);

(2)使用对数间隔频率点;

（3）建议的测量样本数量（搅拌步数）为12个（最小值）；

（4）通过评估 x、y 和 z 方向以及所有方向组合时记录的最大电场值的标准偏差评估混响室性能。

此方法通常用于评估电磁兼容试验时的电磁场均匀性，但对于天线测量来说，还需要了解更多的混响室性能参数。例如，当采用极化搅拌时，要使接收功率因接收天线的不同极化方式所带来的差异性最小化。因此，对于天线测量来说了解极化失衡是非常有必要的。此外，知道有多少比例的功率未经"搅拌"（搅拌器和腔室内壁的反射），而直接"流向"接收天线，也有助于了解如何评估混响室的性能以及可能对天线测试结果产生的影响。

当使用天线进行测量时，这些差异更明显，与进行电磁兼容试验的设备不同的是，这些设备没有任何与极化相关的性能。因此，对于混响室的不确定度，应采用一种更合理的方法进行评估，以反映混响室在电磁兼容测试和天线性能测试两个领域的不同用途。

本节提出一种更合理的混响室表征方法，能够更详细地评估混响室的性能，这是因为除了电磁兼容测试之外，还广泛用于各种天线测量。对当前的各类文献进行梳理后可以看出，其他研究人员[4,12-15]在评估混响室测量不确定度时也选择了更多的表征参数。

对混响室中不同测量位置的标准偏差进行评估。这里将标准偏差定义为混响室中不同测量位置的平均功率传递函数的偏差。评估过程将使用所有测量样本数据，而不是仅仅对最少12个步进位置处的最大电场值进行分析[11]，这与在混响室中进行天线测量的方法是一致的。

此外，根据第2章的方法，还需对以下3个参数进行评估。

（1）随频率而变化的非视距条件下独立样本数；

（2）随频率而变化的极化失衡；

（3）随频率而变化的未搅拌功率（莱斯因子）比例。

标准偏差和上述3个参数共同构成了混响室内的天线测量不确定度。该方法能更全面地评估混响室的真实性能。

3.5 校准测量参数

表3.7给出了试验中的各项参数设置。考虑到测量精度和完成测量所需的时间，试验选择6个接收天线位置。由于每个接收天线位置应至少相隔半波长的距离，因此在较低频率下，利物浦大学混响室中的每个位置都是独立的（不相关的）。这意味着不能使用额外的接收设备，因为它们的间距太小。在进行测试之前，这是需要仔细检查的一个方面。

测量样本的总数取决于所用的混响室。这就造成使用不同的混响室进行测试时,测量样本总量会有所不同。在同一个混响室中,这个参数可依据测量不确定度和每个测量序列所需总时间进行调整。在接下来的相关章节中也会遵循这一原则。本书不提供适用所有混响室的通用测量参数,仅给出测量试验不确定度的方法和相关数学公式。

表 3.7 试验研究中的项目参数

参 数	说 明
频率	100～1000MHz
频点数量	801
独立接收天线位置数	6
搅拌顺序	机械搅拌,步进角度为3°; 极化搅拌; 18MHz 频率搅拌
接收天线方向	3 个方向(x、y 和 z 方向)
每个接收机位置的测量样本总数(适用于所有方向)	714
其他	电源功率为 -7dBm; 接收天线为对数周期(HL223); 发射天线为自制维瓦尔第天线; 混响室载荷(使用时)放置4 个吸波材料,2 个一组,分别位于混响室后面的2 个角点; 执行两端口校准

3.6 测量结果

分别对空载和加载混响室的性能进行评估,且对标准搅拌器(完全没有切口)与新型搅拌器进行比较,以评估混响室实际的性能提升。

由于数值仿真模型的新型搅拌器只是简单地按比例放大,以匹配混响室中搅拌器的原始尺寸,而各搅拌器之间的整体尺寸没有任何变化,因此仅根据搅拌器切口的效果就可以得出结论。

注意,因为这里只是对概念进行验证,所以仅对垂直安装的搅拌器进行了改进。水平搅拌器仍然是实心金属板,没有任何改动。对于垂直安装的搅拌器,有6个不同高度尺寸的独立桨叶,见表3.8。

表3.8 桨叶尺寸

参 数	说 明
桨叶组1(高×宽)/m	0.71×1
桨叶组2(高×宽)/m	0.85×1
桨叶组3(高×宽)/m	0.90×1
桨叶组4(高×宽)/m	0.67×1
桨叶组5(高×宽)/m	0.77×1
桨叶组6(高×宽)/m	0.62×1

下面将给出推导混响室不确定度的详细步骤。

3.6.1 标准搅拌器与新型搅拌器在空载混响室中的性能

表3.7中,对混响室不确定度的评估主要集中在标准偏差。如前所述,这是源于混响室中6个不同接收天线位置平均功率传递函数的标准偏差。

具体的接收天线位置(始终不变)详细说明如下。

(1)位置1距左墙1.15m,距搅拌器1.1m;

(2)位置2距右墙1.15m,距搅拌器1.1m;

(3)位置3距左墙1.15m,距位置1向后间隔1m;

(4)位置4距左墙1.15m,距位置2向后间隔1m;

(5)位置5距左墙1.15m,距后墙1.1m;

(6)位置6距左墙1.15m,距后墙1.1m。

图3.21给出了试验中的布局,可以清楚地看到新型搅拌器的实际物理结构和位置1处的接收天线(定向于x方向)。

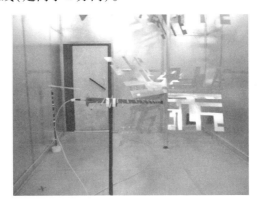

图3.21 标准偏差测量装置

使用机械搅拌(步进角度为3°)和极化搅拌技术,从式(3.2)可以推导出每个接收天线方向j和每个特定位置i的平均功率传递函数:

$$P_{i\_j} = \frac{\langle |S_{21}|^2 \rangle}{(1-|S_{11}|^2)(1-|S_{22}|^2)} \quad (3.2)$$

式中:⟨·⟩为多个搅拌位置取平均值;$i=1,2,3,4,5,6$;$j=1,2,3$。

每个频率点应存在 18 个独立的平均功率传递函数测量值,然后计算得到一个平均值,由 18 个测量值计算可得

$$P_{AV} = \frac{1}{N}\sum P_{i,j} \quad (3.3)$$

式中:P_{AV}为预期值的优化估计值[12]。

使用下式计算标准偏差 σ:

$$\sigma = \sqrt{\frac{\sum_{i=1}^{6}\sum_{j=1}^{3}\{P_{i,j}-P_{AV}\}^2}{N}} \quad (3.4)$$

在计算中采用了所有样本数据(总体标准偏差),即每个单独的测量值,而不是文献[10]中选择的最大值(样本标准偏差),所以这里取 $N=18$ 而不是 $N-1$。最后用 dB 表示相对于平均值的标准偏差,即

$$\sigma(\text{dB}) = 10\lg\left(\frac{\sigma+P_{AV}}{P_{AV}}\right) \quad (3.5)$$

图 3.22 给出了空载混响室中,标准搅拌器(无切口)和新型改良搅拌器之间的测量标准偏差随频率变化的曲线。可以看出,100~380MHz 频段内,新型搅拌器优于传统(实心板)搅拌器。在 100~200MHz 的频率范围内,性能的改善约为 0.5dB,超过 200MHz 时会约下降至 0.15dB。

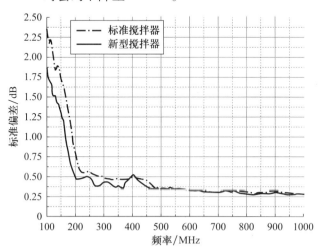

图 3.22 空载混响室的标准偏差随频率变化的曲线

在较高的频率范围,两组搅拌器的性能是一致的,当频率高于 1000MHz 时,新型搅拌器上的切口并没有影响混响室的高频性能。到此为止,试验结果除了验证

了理论概念,还需要对另外 3 个性能指标进行比较,以便更好地说明新型搅拌器的性能优点。在查阅了文献[11]后,对极化失衡可解释为如只考虑 x 方向,可根据机械搅拌和极化搅拌两种方式确立功率传递函数:

$$P_{i,x} = \frac{\langle |S_{21,x}|^2 \rangle}{(1-|S_{11}|^2)(1-|S_{22}|^2)} \tag{3.6}$$

式中:$i = 1, 2, 3, \cdots, 6$。

计算 x 方向的平均值为:

$$P_{AV\_x} = \frac{1}{6} \sum P_{i,x} \tag{3.7}$$

同样,对于 y 和 z 方向,使用式(3.6)处理 y 和 z 方向的测量数据,可得式(3.8)和式(3.9)的平均值:

$$P_{AV\_y} = \frac{1}{6} \sum P_{i,y} \tag{3.8}$$

$$P_{AV\_z} = \frac{1}{6} \sum P_{i,z} \tag{3.9}$$

总极化参考值可定义为[11]

$$P_{POL\_REF} = \frac{1}{3} \sum P_{AV\_x,y,z} \tag{3.10}$$

x、y 和 z 方向的极化失衡可以表示为

$$\frac{P_{AV\_x}}{P_{POL\_REF}}, \frac{P_{AV\_y}}{P_{POL\_REF}}, \frac{P_{AV\_z}}{P_{POL\_REF}} \tag{3.11}$$

图 3.23 和图 3.24 分别给出了标准搅拌器和新型搅拌器的实测极化失衡随频率变化的曲线。

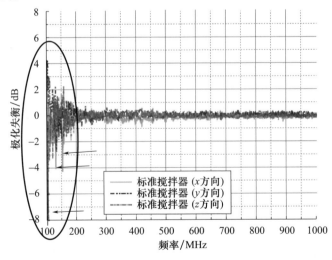

图 3.23 (见彩图)标准搅拌器的极化失衡随频率变化的曲线

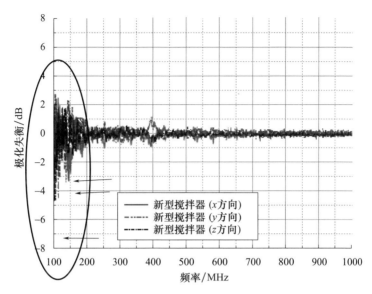

图 3.24 （见彩图）新型搅拌器的极化失衡随频率变化的曲线

极化失衡源自未搅拌功率和混响室中的模式激励误差[11]，后者是混响室和机械搅拌器的形状过于规则，搅拌时 TE 和 TM 模式无法混合搅拌所引起的[11]。因此要尽量减少这种影响，使混响室中的接收功率不依赖天线的方向。

比较图 3.23 和图 3.24 可以看出，在 100～200MHz 频段内，新型搅拌器的性能有了提升，如箭头所示。在 z 方向，某些情况下可以达到 4dB 的提升，x 和 y 方向的提升为 1～1.5dB。在低频段（<200MHz），由于可用模式总数的稀疏性（如第 2 章所述），会出现相对较高的失衡。

为提高搅拌器谐振，所设置的切口极不规则（尤其是在两个主平面上），因此在较低频段的极化差异已经实现了最小化。在更高的频率下标准搅拌器和新型搅拌器都表现完美，不存在极化失衡现象。

在 400MHz 处，新型搅拌器出现了一个明显陌生峰值，这是在该频率下新型搅拌器预留切口的谐振性能异常造成的，图 3.22 中标准偏差也出现了这种现象。消除这种现象的方法是在这个频率处再配置一个特定长度的切口。若采用这种方法，应对搅拌器的电学尺寸进行相应调整，以避免在其他频段处出现此类现象。

标准搅拌器和新型搅拌器在空载混响室中的莱斯 K 因子如图 3.25 所示，第 2 章中相关章节已经给出这个量的计算方法。

计算该物理量需要进行一系列独立的测试。混响室搅拌方式采用了机械搅拌（步进角度为 1°）、极化搅拌和 1 个接收天线位置，天线指向 z 轴方向。表 3.7 中的其他参数均同样适用。

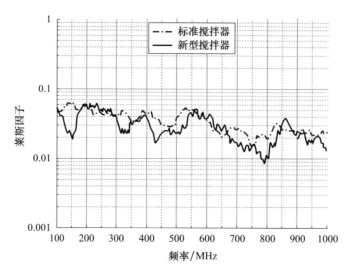

图 3.25 空载混响室中的莱斯因子

从图 3.25 可以看出,通常情况下在接收端接收到的直接辐射功率比例较低,特别是在较低的频率处,两者存在显著差异。这是由于新型搅拌器增强了混响室的谐振能力,即新型搅拌器开凿的有特定长度的切口使谐振能力得到提升。更多分析见附录 C,其给出了搅拌器上的表面电流性质。

对于非视距条件下的独立样本数,完整测试方法见附录 A。使用机械搅拌(步进角度为 1°)、极化搅拌和 1 个接收天线位置采集数据,图 3.26 给出了标准搅拌器与新型搅拌器之间的不同发射极化方式的独立搅拌位置数。

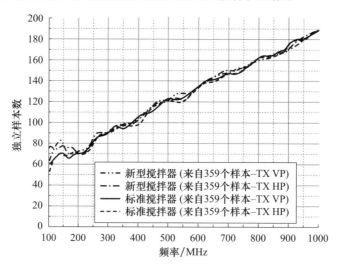

图 3.26 (见彩图)空载混响室中独立样本数

在频率100～200MHz范围内,从图3.26可以看出无论采用哪种极化方式,新型搅拌器的独立搅拌位置数均有所提升。这就表明,搅拌器上的切口在两种极化波搅拌的过程中都有积极的影响。

频率在200MHz以上时,可认为原搅拌器尺寸为电大尺寸,与新型搅拌器性能相似,尽管在某些区域,新型搅拌器性能更好。

在总结本小节时,采用了4种不同的标准来评估新型搅拌器相对于标准搅拌器的性能优势。4种独立的评判标准都证实新型搅拌器在较低模式区域的性能得到改善,这有助于确保设计思路有效,并改善了混响室的性能。在较低模式区域,可以获取各种测量值,并且不确定度较低。在计算标准偏差时,新型搅拌器使用较少的测量样本和更短的时间就可以获得相同的标准偏差,这充分说明新型搅拌器的性能优势。

混响室加载后进行相同的试验,以评估混响室的加载性能。对加载混响室进行评估的目的是在某些测量过程中(如混响室内置大型阵列天线或电磁兼容试验中的大型设备),混响室会受到明显的加载,从而降低其品质因数。因此,需要在空载和加载情况下对混响室进行性能测试,以全面了解混响室在一系列应用和测量场景中的真实性能。

3.6.2 标准搅拌器与新型搅拌器在加载混响室中的性能

本章前面所有测量参数仍然适用,唯一改变的是混响室内置4个大型吸波材料,2个一组分别位于混响室内的两个角落来模拟混响室加载。图3.27给出了标准搅拌器和新型搅拌器在混响室加载条件下的标准偏差。

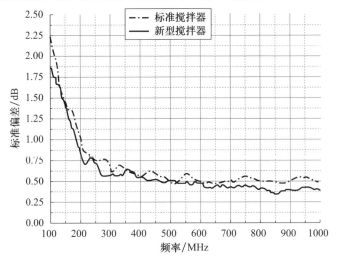

图3.27 加载混响室中的标准偏差

从图 3.27 可以看出,加载对混响室性能有明显的影响,标准偏差通常高出 0.25dB。频率越高,这种差异就越小,大约为 0.15dB。标准偏差随加载量升高的原因是吸波材料在所在位置处能够抑制相关谐振模式[9]。如果相关谐振模式受到抑制,将会对混响室中的场分布特性产生影响,比如某些电场峰值会降低。在搅拌器作用下,电场值没有显著变化,而这又会使不同接收天线位置处出现较大的偏差。

在加载情况下,可以看出新型搅拌器仍然优于标准搅拌器。在较高频率下,新型搅拌器的标准偏差低于标准搅拌器,这是由于搅拌器上切口的谐振性质,使 TE 和 TM 模式在更大的平均模式带宽下能够实现更有效的搅拌。

标准搅拌器和新型搅拌器的极化失衡如图 3.28 和图 3.29 所示,可以看出新型搅拌器仍然优于标准搅拌器。在 1000MHz 范围内,标准搅拌器在 z 方向的极化失衡普遍存在,这与图 3.27 中较大的标准偏差是一致的。这是搅拌器的谐振切口造成的,它使搅拌器有效地完成 TE 模式和 TM 模式搅拌,并获得了更大的平均模式带宽。

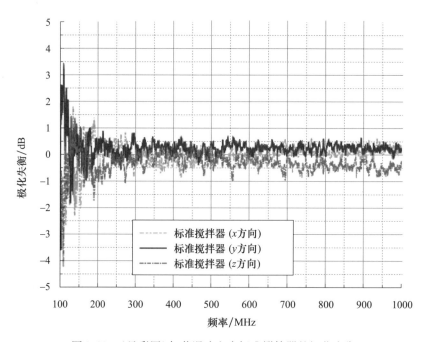

图 3.28 (见彩图)加载混响室中标准搅拌器的极化失衡

图 3.30 给出了加载混响室中标准搅拌器和新型搅拌器的莱斯因子。可以看出,与空载混响室相比,随着加载物的增加,直接接收功率的比例也会增加(图 3.25)。尽管如此,还是可以看出新型搅拌器仍然表现出比标准搅拌器更好的性能。

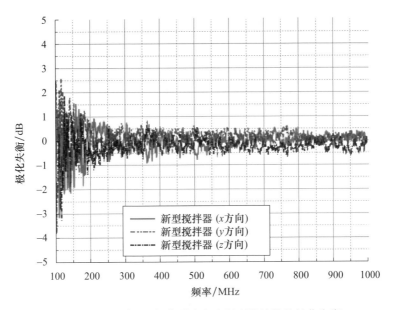

图 3.29 （见彩图）加载混响室中新型搅拌器的极化失衡

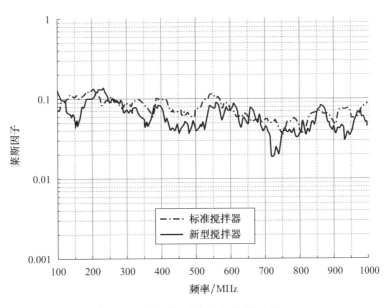

图 3.30 加载混响室中的莱斯 K 因子

在非视距条件下加载混响室中的独立样本数量如图 3.31 所示。可以看出,在较低频率下配置新型搅拌器的混响室独立样本数量有明显增加,这与空载情况类似。而独立样本的总数少于空载情况下的样本总数,这说明了在增大的平均模式带宽情况下机械搅拌过程很难显著改变场分布。

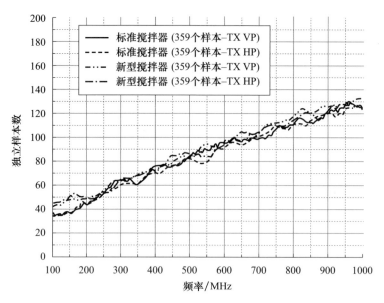

图 3.31 （见彩图）加载混响室中的独立样本数量

3.7 小结

本章对新型机械搅拌器进行了理论和数值仿真研究,并对结果进行了评估。对比了新型搅拌器与大多数混响室通用标准搅拌器的性能优势。

新型搅拌器的设计思路是在搅拌器桨叶结构上预制一系列切口,以期通过增加感应电流的路径长度降低搅拌器的共振能力。此外,还对这些预制切口进行了仿真和试验测试(切口长度各不相同,目的是提高宽带性能)。同时,还采用了数值仿真方法对新型搅拌器进行了有效的改进。

试验结果表明,新型搅拌器可以有效提高混响室的性能。采用了 4 个独立的判断指标,这些指标的评估结果都说明了新型搅拌器的性能优势。由于新型搅拌器有预制切口,需要考虑其结构刚度,以防止搅拌过程中出现过度弯曲。

关于混响室性能验证,这里已详细给出了混响室性能评估所需的步骤和计算方法。在使用和比较多个性能参数时,需要详细的步骤来测试混响室的真实性能。该方法也应适用于分析电磁兼容领域混响室测量的不确定度,附录 D 给出了常规(标准)混响室测试方法。

目前,行业人士一致认为,新方法可加入 BS EN 61000 - 4 - 21 标准中的混响室测试步骤中。这就提出了一些有趣的问题,有待于业界做出最终决定。

参考文献

[1] Y. Huang, J. T. Zhang and P. Liu, 'A novel method to examine the effectiveness of a stirrer', 2005 *International Symposium on Electromagnetic Compatibility*, 2005. EMC 2005, vol. 2, IEEE, 12 August 2005, Chicago, IL, pp. 556 – 561.

[2] Y. Huang, N. Abumustafa, Q. G. Wang and X. Zhu, 'Comparison of two stirrer designs for a new reverberation chamber', *The 2006 4th Asia – Pacific Conference on Environmental Electromagnetics*, IEEE, 1 – 4 August 2006, Dalian, pp. 450 – 453.

[3] J. I. Hong and C. S. Huh, 'Optimization of stirrer with various parameters in reverberation chamber', *Progress In Electromagnetics Research*, vol. 104, pp. 15 – 30, 2010.

[4] N. Wellander, O. Lunden and M. Backstrom, 'Experimental investigation and mathematical modeling of design parameters for efficient stirrers in mode – stirred reverberation chambers', *IEEE Transactions on Electromagnetic Compatibility*, vol. 49, pp. 94 – 103, 2007.

[5] L. R. Arnaut, 'Effect of size, orientation, and eccentricity of mode stirrers on their performance in reverberation chambers', *IEEE Transactions on Electromagnetic Compatibility*, vol. 48, pp. 600 – 602, 2006.

[6] J. Clegg, A. C. Marvin, J. F. Dawson and S. J. Porter, 'Optimization of stirrer designs in a reverberation chamber', *IEEE Transactions on Electromagnetic Compatibility*, vol. 47, pp. 824 – 832, 2005.

[7] D. I. Wu and D. C. Chang, 'The effect of an electrically large stirrer in a mode – stirred chamber', *IEEE Transactions on Electromagnetic Compatibility*, vol. 31, pp. 164 – 169, 1989.

[8] S. R. Best, 'On the resonant properties of the Koch fractal and other wire monopole antennas', *IEEE Antennas and Wireless Propagation Letters*, vol. 1, pp. 74 – 76, 2002.

[9] Y. Huang, 'The Investigation of Chambers for Electromagnetic Systems', D Phil Thesis, Department of Engineering Science, University of Oxford, 1993.

[10] CST Microwave Studio, http://www.cst.com (assessed 28 July 2015).

[11] BS EN 61000 – 4 – 21:2011 In Electromagnetic compatibility (EMC) Part 4 – 21: Testing and measurement techniques—Reverberation chamber test methods, ed: BSI Standards Publication, 2011.

[12] P. S. Kildal, X. Chen, C. Orlenius, M. Franzen and C. S. L. Patane, 'Characterization of reverberation chambers for OTA, measurements of wireless devices: Physical formulations of channel matrix and new uncertainty formula', *IEEE Transactions on Antennas and Propagation*, vol. 60, pp. 3875 – 3891, 2012.

[13] P. S. Kildal, C. Orlenius, J. Carlsson, U. Carlberg, K. Karlsson and M. Franzen, 'Designing reverberation chambers for measurements of small antennas and wireless terminals: Accuracy, frequency resolution, lowest frequency of operation, loading and shielding of chamber', *First European Conference on Antennas and Propagation. EuCAP 2006*, IEEE, 6 – 10 November 2006, Nice, pp. 1 – 6.

[14] A. Coates and A. P. Duffy,'Maximum working volume and minimum working frequency tradeoff in a reverberation chamber', *IEEE Transactions on Electromagnetic Compatibility*, vol. 49, pp. 719 – 722, 2007.

[15] L. R. Arnaut,'Operation of electromagnetic reverberation chambers with wave diffractors at relatively low frequencies', *IEEE Transactions on Electromagnetic Compatibility*, vol. 43, pp. 637 – 653, 2001.

[16] J. R. Taylor, *An Introduction to Error Analysis: The Study of Uncertainties in Physical Measurements*, 2nd ed. : Sausalito: University Science Books, 1997.

第4章
混响室内电磁兼容测量

第2章和第3章讨论了混响室腔室理论、搅拌器设计思路和混响室性能评价方法。本章将讨论混响室在电磁兼容测试中的一些重要参数,如最低可用频率(lowest usable frequency,LUF)和工作区域(受试设备放置区域)。本章的重点是讨论如何在混响室进行电磁兼容试验,这是混响室于1968年最初引入电磁兼容领域的原因[1-2]。

首先介绍电磁兼容的基本理论,包括基本概念、基本原理电磁兼容标准和测量方法。电磁兼容测试中的辐射发射和辐射抗扰度/敏感度测试也将在本章中进行详细介绍,本章主要参考的标准是IEC61000-4-21[3],这是目前最为广泛接受的混响室测量标准。本章介绍了电磁兼容测试的具体步骤和误差分析,还对混响室与其他传统测试平台的电磁兼容测试结果进行比较。

本章的目的是将电磁理论、混响室理论与实际的电磁兼容试验联系起来。为此,也会给出一些实例进行具体说明。

4.1 电磁兼容简介

长期以来,电磁干扰现象广为人知,而电磁兼容对于许多人来说仍是一个相对较新的术语。IEEE关于电磁干扰和电磁兼容的标准定义如下。

(1)电磁干扰是指由电磁扰动引起的传输信道、设备或系统的性能下降。

(2)电磁兼容是指一个装置、设备或系统在其环境中正常工作而不会对环境中的任何电子设备产生不可容忍的电磁干扰的能力。

这表现为以下几方面。

(1)该设备不会对其他系统造成干扰(其他系统也能正常工作);

(2)不易受其他系统电磁辐射的影响(在其环境中工作良好);

(3)不会对自身造成干扰(能够使自身正常工作)。

很明显,电磁兼容的概念已经考虑了电磁干扰,以及产品的电磁辐射和敏感度

（或抗扰度）。电磁辐射是指通过传导（如电缆）或辐射（无线电波）在相关频率上发射或传输的非需电磁信号。电磁敏感度是指产品对通过传导或辐射路径传入的电磁信号的敏感程度和易损性。电磁抗扰度是指产品对通过传导或辐射路径传入的电磁信号的不敏感程度。由此可知，性能优良产品应该具有较低的敏感度和较高的抗电磁干扰能力。敏感度和抗扰度是一对互补的概念，处理的是同一个问题。为了确保产品能够在恶劣的电磁环境中正常工作，将敏感度和抗扰度视为电磁兼容的同一种属性。由于电磁干扰信号可以通过传导或辐射路径影响产品，因此电磁兼容也可分为传导部分和辐射部分，如图4.1所示。在传导部分电磁兼容问题来自传导路径（如电缆），而在辐射部分电磁兼容问题则来自辐射路径（如无线电波）。每部分都应该同时处理辐射和抗扰度（敏感度）问题，任意一个电磁兼容问题都需要考虑以下4个方面中的一个或多个。

（1）传导发射；

（2）传导抗扰度/敏感度；

（3）辐射发射；

（4）辐射抗扰度/敏感度。

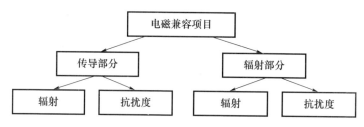

图4.1　主要电磁兼容项目

传导发射或抗扰度问题通常发生在较低频率范围，辐射发射或抗扰度问题发生在较高频率范围。这是因为在较低频率下（通常频率小于30MHz或80MHz）有以下因素。

（1）传导信号（电压和电流）可以通过传导路径长距离传输，而不会有太大的衰减；

（2）传导信号比较容易测量；

（3）辐射信号通常非常小（与波长相比，电子产品尺寸通常非常小），而且很难测量。

在较高频率下（通常频率大于30MHz或80MHz）有以下因素。

（1）传导信号（电压和电流）由于传导路径的衰减和辐射而不能长距离传播；

（2）辐射信号可能相对较大（产品尺寸可能与波长相当），而且易于测量。

在实际测试中，在较低频率范围主要关注传导发射和传导抗扰度；在较高频率范围着重考虑辐射发射和辐射抗扰度。应该指出的是，在任何频率范围内都可能发生传导和辐射。这种分类是合理的且适合实际测试。在较低频率范围，如果没有传导发射或传导抗扰度,就不应存在辐射发射或抗扰度。同样,在较高频率范围,如果没有辐射发射或辐射抗扰度,则不应存在传导发射或抗扰度。

通过对电磁兼容问题的研究可以发现,电磁兼容问题都包含电磁能量的来源、传输和接收3个要素。它们构成了电磁兼容分析和设计的基本框架。电磁兼容问题的基础组成部分如图4.2所示。电磁干扰源(也称发射机,它可以是人为干扰或自然干扰,如雷电)发射电磁能量,传导或辐射耦合路径将电磁能量传递到接收端,并经过接收设备处理,而产生预期或非预期的效果。如果接收到的能量使受体产生非预期的动作,就视为发生了干扰。电磁能量的传递经常通过非预期的耦合模式出现。然而只有当接收设备收到的电磁能量足够大或包含特定频率,并使接收设备出现非预期的效果,电磁能量的无意传递才会引起电磁干扰。无意传输和接收的电磁能量是可避免的危害。这就是电磁兼容不仅仅关注如何处理辐射发射,同时还关注如何处理敏感度和抗扰度的原因。解决电磁兼容问题一般有3种方法。

(1)从源头抑制电磁辐射;
(2)尽可能降低耦合路径的效率;
(3)降低受体设备对辐射发射的敏感度(更高的抗扰度)。

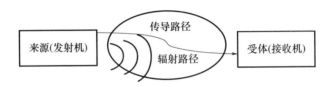

图4.2 电磁兼容问题的基本组成部分

应该指出的是,电磁兼容问题实际上已经存在近100年,但并不是每个人都意识到了这一问题。关于无线电干扰技术的论文在1920年前后开始发表在各种杂志上。第二次世界大战期间,由于无线电、导航设备和雷达等电子设备的广泛使用,飞机上无线电和导航设备之间互相干扰的事件开始增加。这时的干扰很容易通过将电子设备的工作频率调整到非拥挤频段或使线缆远离干扰辐射源而被消除。为应对电磁干扰的问题,解决方案可以很容易在个案上实施。然而随着高密度电子元件,如20世纪50年代的双极晶体管、60年代的集成电路和70年代的微处理器芯片的出现,使得电磁干扰问题显著增加。然而由于语音和数据传输需求以及无线通信系统和无线传感器网络的增加,电磁频谱也变得愈加拥挤。这就需要在频谱利用方面进行大量详细的规划。即使目前,这种情况仍然存在。

或许是高速数字通信、处理和计算能力的高速发展,将电磁兼容问题推到更加重要和突出的位置。干扰噪声源的密度和频谱带宽也变得很大,导致电磁干扰问题的发生率开始上升。如今无线通信系统(如手机和Wi-Fi系统)的广泛使用无疑使电磁环境变得更加拥挤和杂乱。

4.2 电磁兼容标准

为了净化电磁环境并限制电磁辐射,1933 年,国际电工委员会(IEC)在巴黎召开会议,成立了国际无线电干扰特别委员会(CISPR),以应对愈加突出的电磁干扰问题。随后的会议也创办了多种技术出版物,致力于发展电磁兼容测试技术,以及提出了建议电磁辐射限值和抗扰度水平。多年来,全世界都引入了一系列标准和规范处理电磁兼容问题。其中,最重要的是 1989 年欧洲委员会(EC)颁布的《电磁兼容指导手册》[5],该手册于 1996 年开始全面实施。在欧洲联盟(EU)销售的所有电气和电子产品都必须满足欧盟规定的电磁兼容要求。这本电磁兼容手册使整个行业(乃至全世界)都意识到了电磁兼容的重要性,并成为提高产品电磁兼容性能的主要推动力。多年来,不同的标准制定机构出台了许多电磁兼容标准。最有影响力的是国际电工委员会,它制定了一系列全面的电磁兼容标准,其中的大多数都被转换为各个国家标准或相应的欧洲标准。例如,IEC 61000 是一系列基本的电磁兼容标准,如表 4.1 所列,已转换为欧洲标准 EN 61000 和英国标准 BS EN 61000。它给出了电磁辐射和抗扰度限值,并提供了如何进行相关试验和测量的详细步骤。一般来说,电磁兼容标准可分为通用标准(如 EN 50081 辐射标准和 EN 50082 抗扰度标准)、基本标准(如 IEC 61000)和产品标准(如家用电器、电动工具的 EN 55014,信息技术设备的 EN 55022 和 EN 55024)。不同的产品需要应用不同的标准,这是在实践中落实电磁兼容标准和规范的一个复杂问题。

表 4.1 基本标准 IEC 61000

标 准	说 明
IEC 61000 - 1	第 1 部分:概述
IEC 61000 - 2	第 2 部分:环境
IEC 61000 - 3	第 3 部分:限值(包括辐射限值、抗扰度限值)
IEC 61000 - 4	第 4 部分:测试和测量技术
IEC 61000 - 5	第 5 部分:安装和缓解措施指南
IEC 61000 - 6	第 6 部分:通用标准
IEC 61000 - 9	第 9 部分:其他

除了这些国际标准外,还有军事平台(如船舶、飞机和车辆)、武器、设备和系统的军用标准。例如,美国 MIL - STD - 461D 规定了不同用途设备要满足不同敏感阈值电平和限值,MIL - STD - 462D 规定了相应的试验方法。1999 年,这两个标

准部分进行了修改后并入 MIL-STD-461E 中。英国 DEF STAN 59-41 系列标准规定了与美国标准相似的各种试验项目,还给出了项目规划和文件格式要求。考虑到可能出现的恶劣环境以及近距离接触辐射平台,军用标准在更宽的频率范围内往往比民用标准有更严格的要求。

电磁兼容标准可以确保良好的电磁环境和质量可靠的产品,在人们的日常生活中发挥了非常重要的作用。EN 550XX 系列(也称 CISPR 22)和美国联邦通信委员会(FCC)规定的传导发射限值和辐射发射限值分别如图 4.3 和图 4.4 所示,表 4.2 和表 4.3 也分别给出了这些限值。A 类适用于除民用设施之外的所有设施(如工业设施),B 类适用于民用设施。一个合理的假设是工业场景下的电子设备的辐射干扰比民用环境下的干扰更容易修正,而且在民用环境中干扰源和敏感设备也可能更接近,因此 B 类限值比 A 类限值更严格。通过表 4.2 和表 4.3 的对比可知,美国联邦通信委员会与欧盟所划分的级别有所不同,这也凸显了当前电磁兼容标准区域化的特点(虽然很困难,但仍需制定全球标准)。所有辐射发射均归一化为距离为 10m 的量值,因为电磁场的量值与距离成反比,在其他距离(如 3m)测得的数据可以很容易地转换为 10m 的测试数据。欧盟标准和美国标准在测量方法上也存在诸多差异。欧盟标准的传导频率范围为 150kHz~30/80MHz,而美国标准的传导频率范围为 450kHz~30/80MHz。对于抗扰度测试,两者划分的级别也有很大不同。例如,EN 61000-4-3 将严重性级别设置为 1~3 级和 10V/m,范围从 30/80~1000MHz。传导和辐射发射的频率边界是 30MHz,但现在大多数标准是 80MHz。

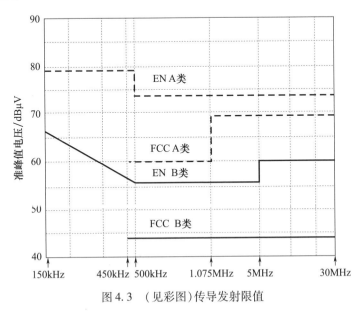

图 4.3 (见彩图)传导发射限值

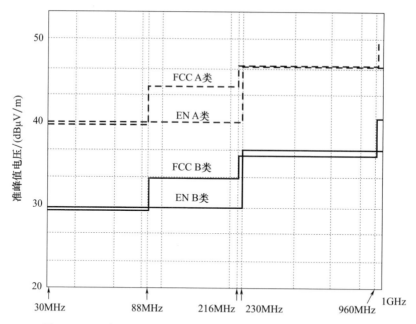

图 4.4 （见彩图）辐射发射限值,归一化(1/d)为10m的测量距离

表 4.2 传导发射限值

A 类 频率/MHz	FCC 限值 电压准峰值	EN/CISPR 限值 电压准峰值	EN/CISPR 限值 平均值/dBμV
0.15~0.45	无限值	79	66
0.45~0.5	60	79	66
0.5~1.705	60	73	60
1.705~30	69.5	73	60
B 类 频率/MHz	FCC 限值 电压准峰值	EN/CISPR 限值 电压准峰值	EN/CISPR 限值 平均值/dBμV
0.15~0.45	无限制	66~56.9	56~46.9
0.45~0.5	48	56.9~56	46.9~46
0.5~5	48	56	46
5~30	48	60	50

表 4.3 辐射发射限值

A 类	FCC 限值	EN/CISPR 限值
频率/MHz	10m 处的场强/(dBμV/m)	10m 处的场强/(dBμV/m)
30~88	39	40
88~216	43.5	40
216~230	46.4	40
230~960	46.4	47
960~1000	49.5	47
>1000	49.5	无限制

B 类	FCC 限值	EN/CISPR 限值	
频率/MHz	3m 处的场强/(dBμV/m)	10m 处的场强/(dBμV/m)	10m 处的场强/(dBμV/m)
30~88	40	29.5	30
88~216	43.5	33	30
216~230	46	35.6	30
230~960	46	35.6	37
960~1000	54	43.5	37
>1000	54	43.5	无限制

当然,电磁兼容标准不只是设定传导和辐射发射限值和抗扰度级别,如表4.1所列,电磁兼容标准还涵盖了广泛的活动场景。但在电磁兼容标准实施过程中,辐射发射测量和辐射抗扰度试验仍是两个最关键的部分。

4.3 电磁兼容试验

电磁兼容测量和试验涉及的范围很广,一般可分为传导发射测量、传导抗扰度试验、辐射发射测量和辐射抗扰度试验4个方面。对于大多数传导发射测量和抗扰度试验来说,所需的设施和设备相对简单。

例如,根据多种标准,大多数传导测量和试验的唯一规定是导电接地面的尺寸至少为 $2m \times 2m$,且至少超出受试设备(equiment under test, EUT)边界 0.5 m。并建议(并非必要)在导电屏蔽室内进行测量,以降低背景噪声。传导发射测量所需的设备是线性阻抗稳定网络(LISN)和频谱分析仪或接收机。传导发射测量的典型布局如图4.5所示。对于传导抗扰度试验,则不需要 LISN,但需向受试设备注入或耦合进大电流,试验方法参见 IEC 61000-4-6 等标准。

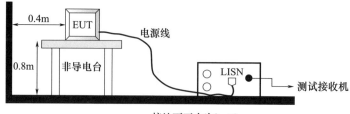

图 4.5 传导发射测量的典型布局

与传导测试相比,辐射发射试验则更加复杂和耗时。通常情况下,试验都应在电波暗室或半电波暗室中进行。典型的电波暗室是一个在墙壁、天花板和地板上都贴有无线电吸收材料(室内没有反射波)的导电屏蔽室,可模拟自由空间情况。而半电波暗室与电波暗室相同,如图 4.6 所示,只是地板上没有无线电吸收材料模拟底层外壳的开放空间。使用暗室进行试验的优点如下。

(1)可以提供不受天气影响的室内环境;
(2)与外界隔离,不会对外界环境产生干扰,也不会受到外界环境的干扰;
(3)不同腔室的测量结果精确度很高且可重复。

受试设备应放置在电波暗室的"静区",在该区域内的入射电磁波可视为平面波(场是均匀的)。图 4.6 给出了辐射发射测量的试验布局,其中测量距离 L 由相关试验标准定义(一般为 3m 或 10m),而天线高度 H 应在 1~4m 变化,且在每个试验频率下,受试设备应按不同方向和极化状态进行旋转。同样,对于辐射抗扰度试验,应在每个频率下测试不同的天线位置和受试设备的方位和极化状态,并且需要昂贵的宽带功率放大器来产生所需的高强度电磁场。由于试验频率范围非常宽,通常为 80~1000MHz,因此辐射发射和辐射抗扰度测量和试验非常耗时且费用高。

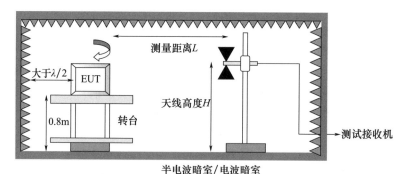

图 4.6 辐射发射测量的试验布局

除了电波暗室和半电波暗室外,还可以使用其他试验平台进行电磁兼容试验,如 TEM 室[6]和 GTEM 室[7],对于小型受试设备,TEM 室和 GTEM 室是很好的替代测试场地,另一个好的替代测试场地是混响室。

4.4 混响室内的电磁兼容试验

混响室作为导电屏蔽室,可用于传导类型的电磁兼容试验,无须对电磁场进行搅拌。本节的主要问题是混响室能否用于辐射类型的电磁兼容试验。如果可以,怎样进行测试?如何解释测试结果?

与电波暗室不同,混响室是一个电大尺寸腔室,至少配置有一个机械搅拌器对混响室内的电磁场进行搅拌。它是反射型边界条件,电磁波可被墙壁、地板和天花板进行反射(而不像电波暗室中被吸收),因此产生了各种谐振模式和场模式,这似乎对电磁兼容试验没有帮助。多年来,许多科研团队对混响室进行了研究,发现在混响室中进行辐射发射和辐射抗扰度测试是可行的。混响室内的电磁场在不同的位置有明显的不同。然而,由于搅拌器的旋转,受试设备所在区域的平均场强是相对均匀的(统计均匀和各向同性)。而且电磁场的极化是随机变化的,这就使得在测试过程中不再需要对受试设备进行旋转,减少了测量时间,而且更容易对大型受试设备进行试验。混响室另一个优势是不需要昂贵的宽带高功率放大器(如电波暗室内配置的放大器),混响室能够将所注入的能量高效率地转换为高强度电磁场。由于混响室的导电边界特性,混响室的损耗通常很小,因此其品质因数很高。总的来说,混响室用于电磁兼容试验时至少具有以下优势。

(1)与外部环境之间具有良好的电气隔离;
(2)良好的可达性(室内试验设施容易安装);
(3)非常宽的频率范围(工作频率应大于混响室的最低可用频率);
(4)更高效地产生高强度电磁场;
(5)无须受试设备的物理旋转(由于混响室内部磁场极化的随机性);
(6)成本效益。

它也有一些局限性,包括试验结果难以解释以及受试设备极化和方向信息的丢失。然而从技术和经济的角度来看,混响室仍然为辐射电磁兼容试验提供了一个重要的替代测试平台。

4.4.1 相关电磁兼容标准

由于电波暗室的投资很高,而且电磁兼容试验很复杂而且耗时很长,因此使用混响室进行电磁兼容试验是非常有吸引力的替代方案,且已经有标准采纳了混响室方案。标准 IEC 61000-4-21[3]是关于混响室有效性、辐射抗扰度试验和辐射发射试验最广泛和最全面的测试标准,其推荐的典型混响室电磁兼容试验如图4.7所示。

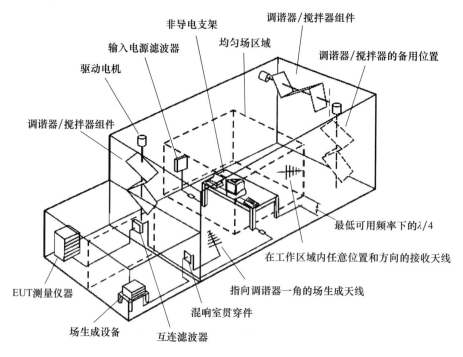

图 4.7 用于电磁兼容试验的典型混响室

(资料来源:IEC 61000 - 4 - 21 第 2.0 版[3],© 2011 瑞士日内瓦国际电工委员会。)

也有一些行业标准采纳了混响室进行电磁兼容试验。例如,汽车工程委员会提出的相关标准就涵盖了整个车辆以及零部件的混响室辐射抗扰度测试方案。

(1)J 551 - 16:整车级辐射抗扰度试验(模式调谐和模式搅拌方法,将在 4.4.2 节讨论);

(2)J 1113 - 27:部件级辐射抗扰度试验(模式搅拌法,即连续搅拌法);

(3)J 1113 - 28:部件级辐射抗扰度试验(模式调谐法,即步进搅拌法)。

此外,GMW3097 和福特 ES - XW7T - 1A278 - AC 也是汽车电磁兼容试验标准,标准 RTCA DO 160D[8] 为 RTCA 于 1997 年发布的航空航天"机载设备环境条件和试验步骤"。

美国军用标准 MIL - STD - 461E 中也允许混响室用于军事设备的电磁兼容测量。目前,采用混响室方案进行电磁兼容测量的接受度还不是很高。但随着混响室技术的进一步发展,将会得到各行业的广泛接受。

4.4.2 混响室表征

第 2 章介绍了混响室理论以及腔室电磁环境分布特性和相关参数,如品质因数等。本节将进一步介绍和讨论混响室的一些参数和特性,这些参数和特性都与电磁兼容试验密切相关。

4.4.2.1 搅拌模式和调谐模式

在进行电磁兼容试验时,混响室内的搅拌器可以连续转动或步进转动。前者称为搅拌模式(也称连续模式),即在进行测量时混响室内部的电磁场处于连续变化状态。后者称为调谐模式(也称步进模式),当测量或取样时,混响室内部电磁场呈稳定状态。

在调谐模式进行测量时,搅拌器以特定的旋转角度保持固定,可保证受试设备在足够的时间长度内暴露在稳定不变的电磁场辐射中。但在每次测量时,固定搅拌器位置都会延长整体的测量时间。此外,搅拌器的启动和停止都会引起机械振动,从而产生瞬变效应[9],使混响室内电磁场产生很大的瞬态变化。因此,试验必须等到由机械振动引起的瞬变效应消失后才能继续进行。由于步进模式所需的测量时间较长,相关标准规定在相关试验中至少使用12个独立搅拌器位置,这就要求必须通过试验确定受试设备所需的独立搅拌位置数,避免在试验过程中受试设备受到有限的方位角和极化状态的电磁波辐照,从而增大测量误差[10]。

在搅拌模式下,搅拌器持续旋转,不会在某个特定的角度停下。与步进相比,会大大减少测试时间,因此具有良好的时间成本效益。此外,由于没有搅拌器的启动和停止引起的机械振动,一旦达到目标转速后就不再有加速或减速的过程,因此也就不存在瞬变效应。当搅拌器旋转完整一周后,受试设备在给定频率下,受到了腔室内最大强度的电磁场辐照。但连续搅拌模式也存在一个问题,即受试设备可能没有受到一定强度电磁波足够长的时间的辐照,也就无法保证敏感度测试的完整性。

这两种方法各有利弊,但都被 IEC 61000 - 4 - 21 等标准接受,并用于辐射发射和辐射抗扰度测试。在电磁兼容领域的大多数研究工作基于混响室的调谐模式状态,除非另有说明,本章中的讨论一般默认混响室都是工作于调谐模式状态。

4.4.2.2 场均匀性、工作区域和最低可用频率

混响室的工作原理是在其工作区域内产生统计意义上均匀的电磁环境。但如何定义这个工作区域是一个问题,因为它是基于频域的电磁场均匀性的。这是在进行电磁兼容试验之前,必须回答的问题。

图 4.7 给出了一个矩形工作区域,该区域边界需要至少距混响室腔室地板、墙壁、天花板以及其他物体(如搅拌器)1/4 最低可用频率 $\lambda/4$。在 IEC 61000 - 4 - 21 标准中,工作区域的均匀性是由电场探头在矩形区域的 8 个顶点位置收集到的电场确定。在每个位置,搅拌器每旋转一步,都会在相关频段上对 3 个正交电场进行采样。若进行全频段采样,总数据就会非常大,而且过程也比较烦琐。因此为了使校准

过程更易于管理,IEC 61000-4-21:2011[3]规定了的最低采样要求,如表4.4所列。f_s是起始频率,一般是指混响室的最低可用频率。整个频率范围分为4个频段,每个频段有10~20个采样频率样本。在每个采样频率下,混响室的最小搅拌步数均为12个。对于大多数混响室,都需要在低频时增加搅拌步数。例如,在较低频率(f_s~$6f_s$)下,IEC 61000-4-21:2003 标准(与 EN 61000-4-21:2003 标准[11]相同)第1版中建议采用更多的搅拌步数,表4.4中括号内数值。增加搅拌步数可获得更多的场强值采样数据,可降低数据的不确定度,但需要更长的测试时间[3,11]。

采用8个顶点位置的电磁场标准偏差定义测试区域的场均匀性,表4.5给出了相关频率范围内的标准偏差限值。整个频率范围可分成3个频段。较低频带(80~100MHz)的标准偏差限值为4dB,较高频带(400MHz以上)的标准偏差限值为3dB。这两个频段之间的标准偏差限值从4dB线性下降到3dB。

图4.8给出了3个电场分量(x、y和z)实测数据的标准偏差,以及工作区域8个顶点位置的总电场的标准偏差。可以看出,在大于200MHz频段内,各分量的标准偏差都在规定范围内。但在低于120MHz频段内,标准偏差超出其限值。因此,该混响室的最低可用频率是120MHz。这里使用了表4.5中给出的IEC标准要求,其场均匀性是由测试区域8个顶点位置校准数据获得的。另一个例子可参见附录D,使用了利物浦大学混响室,在更精细的频率和角度分辨率下得出了更准确和可靠的结果。利物浦大学混响室的最低可用频率取决于搅拌器,其使用了最新的搅拌器,最低可用频率约为140MHz。

表4.4 采样要求

频率范围	所需最小搅拌步数(推荐)	所需频率数
f_s~$3f_s$	12(50)	20
$3f_s$~$6f_s$	12(18)	15
$6f_s$~$10f_s$	12(12)	10
>$10f_s$	12(12)	20/10

注:括号中的数据是根据 IEC 61000-4-21:2003 要求的,其他数据均来自 IEC 61000-4-21:2011;f_s为起始频率或最低可用频率。

表4.5 场均匀性标准偏差限值

频率范围/MHz	标准偏差限值
80~100	4dB
100~400	在100MHz时为4dB,在400MHz时线性下降至3dB
>400	3dB

每倍频程最多可有3个频率超出允许的标准偏差,但不得超过限值1dB。

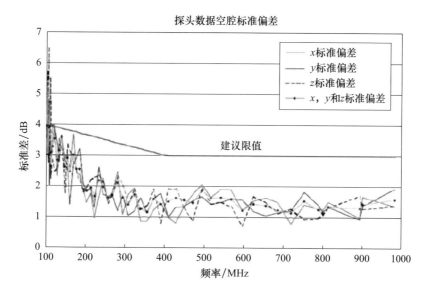

图4.8 （见彩图）测试区域8个顶点位置的电场标准偏差

(资料来源：IEC 61000-4-21 第2.0版[3]，©2011 瑞士日内瓦国际电工委员会。)

一般来说，最低可用频率由混响室模式密度和机械搅拌器效率共同决定，通常认为最低可用频率是混响室满足操作要求的最低频率。该频率通常略高于腔室谐振频率的3倍。在实践中，混响室尺寸、搅拌器效率、混响室的品质因数以及场均匀性和工作区域共同决定了最低可用频率的大小——这些参数都是相互关联的。例如，如果减小工作区域，则可以降低最低可用频率并提高场均匀性；如果降低场均匀性要求，则可以降低最低可用频率并增加工作区域。因此，混响室校准对于使用混响室进行电磁兼容试验至关重要。

4.4.2.3 混响室电场

对于电磁兼容性试验，尤其是抗扰度测试，了解受试设备暴露场强非常重要。在混响室中，腔室电场强度就是受试设备放置区域的电场强度。

校准过程中，混响室电场的"预期"幅度为测试区域顶点位置24个最大探头读数的平均值（最大值的平均值）。"预期值"是在测试区域用于校准混响室的值。也可以根据参考天线的测量值估计混响室电场（E_{Est}）[3]：

$$E_{Est} = \left\langle \frac{8\pi}{\lambda} \sqrt{5 \frac{P_{MaxR}}{\eta_{rx}}} \right\rangle_n \quad (4.1)$$

式中：λ 为波长；P_{MaxR} 为天线固定某一位置或朝向时，在给定搅拌器步进位置数的最大接收功率（W）；η_{rx} 为接收天线效率；n 为天线位置或朝向的数量，至少为24个。

式(4.1)的推导方法与文献[16]中推导平均场表达式的方法类似,给出了基于多个天线位置和朝向数量条件下参考天线的最大读数平均值来估算腔室电场强度的方法。

对于采样数据,若其前向输入功率都是相同的,那么将采样数据取平均值后,就可以对其进行归一化处理;否则,测得的数据要根据其输入功率进行归一化。将探头读数除以其输入功率的平方根,便可将其进行归一化处理。这种方法同样适用于基于参考天线的估计电场。

可通过比较电场探头的测试数据和天线测试数据进行交叉检查。根据 IEC 标准,若探头和天线测量值之间的偏差大于 ±3dB,则应该进行相关处理,但是标准中并未给出处理方法。可能的处理方案是增加搅拌步数(以减少不确定度)和缩小受试设备区域体积(以提高均匀性)。

值得注意的是,在较低频率处的电场标准偏差会较大,这主要是发射天线和接收天线的负载效应引起的。在混响室输入功率与从参考天线测得的最大接收功率的差为 10dB 或更小的频率范围下,这两种方法之间的一致性是无法实现的。与电波暗室不同,混响室内部的场具有统计意义,并且具有一定的不确定度,这可能是混响室在实际中还没有得到广泛应用的主要原因。

4.4.2.4 加载效应

将受试设备放于混响室内,有可能对混响室造成加载。如果受试设备对混响室造成了过载,则受试设备就会吸收一些原本用于产生所需电磁环境的能量,尽管此时混响室内电磁场的统计特性保持不变,但混响室的归一化场强和品质因数都会有所降低。因此,在实际测试中需要提高混响室的输入功率以补偿这种加载损失。与电波暗室测试的另一个主要区别是暗室中的反射波会被吸收材料吸收,在辐射抗扰度测试中,受试设备的存在不会改变暗室中的电磁场,也不会改变由受试设备接收的辐射场。

根据 IEC 61000-4-21 标准,在进行混响室试验之前必须检查加载效应,可通过测量参考天线接收到的平均功率来实施。将受试设备和参考天线放置于测试区域内,搅拌器步进位置数量要与校准过程一致。将该单次测量的数据与校准过程中的 8 次测量值进行比较,如果放置受试设备后测得的平均接收功率与校准期间测得的平均场相当(不大于或小于校准数据),则认为混响室没有产生过载。如果测量值超过校准期间测量的平均场的均匀性要求,则在计算产生试验场强所需的输入功率时,应有一个校正系数,该系数称为混响室加载系数(chamber loading factor,CLF)。通过取放置受试设备后的测量值与校准过程中 8 次测量的平均值或"预期值"之间的比值可获得校正系数。正如 IEC 61000-4-21[3] 附录 B 中所述,为了确定混响室的加载极限,必须在极限加载条件下评估其场均匀性。

无论是辐射发射还是辐射抗扰度测试,都会受到加载效应的影响。

4.4.3 辐射抗扰度试验

混响室调试到位,就可以进行辐射电磁兼容试验。本节介绍辐射抗扰度试验,与传统的在电波暗室或半电波暗室内进行的辐射抗扰度试验不同。使用混响室进行辐射抗扰度测试的优点是,由于混响室的高反射特性,无须使用昂贵的功率放大器即可高效地产生高强度电磁场。注入混响室的功率可充分用于测试,损耗很低。抗扰度试验主要参考 IEC 61000 – 4 – 21 标准[3]中的附录 D。测试应遵循以下 6 个步骤。

步骤 1:测试装置。

典型试验布局如图 4.7 所示,试验布局应能说明实际测试中各设备的安装情况。受试设备应距离腔室边界至少 1/4 个最低可用频率波长的距离,放置于操作台上的受试设备也应离混响室地板至少 1/4 个最低可用频率波长的距离。落地式受试设备应支撑在地面以上 10cm 处,由低损耗电介质支架支撑。试验报告中应说明试验设备和电缆的布局。

发射天线的位置应与校准时的相同,发射天线不应直接对着受试设备或接收天线,可将发射天线朝向混响室的一个角落。(这取决于混响室的设计,有研究发现指向搅拌器实际上比直接指向角落要好。必须确保从发射天线到受试设备没有直接辐射路径或强反射路径。)在进行实际测试时,要制定合理的操作规程,安装合适的试验软件,并保持受试设备、陪试设备、监控设施以及负载的稳定性。

步骤 2:校准。

在采集数据之前,要确认受试设备或其附属设备的放置没对腔室进行反向加载(过载)。这个过程可按照 4.4.2.4 节的说明进行。如果混响室工作于模式搅拌状态,应注意考虑与搅拌相关的问题(如受试设备的响应时间和搅拌器的转速)是否得到有效解决。

步骤 3:确定混响室输入功率。

混响室的输入功率 P_{Input}(W)要满足试验所要求的电场强度,可由下式给出:

$$P_{\text{Input}} = \left[\frac{E_{\text{Test}}}{\langle E \rangle_{24 \text{or} 9} \times \sqrt{\text{CLF}(f)}} \right]^2 \tag{4.2}$$

式中:P_{Input}为混响室达到抗扰度试验所需场强的正向功率(W);E_{Test}为目标场强(V/m);CLF(f)为混响室加载系数,随频率 f 而变化,见 4.4.2.4 节;$\langle E \rangle_{24 \text{or} 9}$为空载混响室校准时的归一化电场平均值,它需要在校准频点之间进行线性插值(也可选择以更短的频率间隔进行校准)。

注意,射频场可能具有危险性,必须遵循有关国家标准对射频暴露限值的要求。

步骤4:频率扫描/步进速率/间隔。

频率扫描或步进速率的选择应考虑到受试设备的响应时间、受试设备敏感带宽和监测测试设备响应时间等。所选扫描速率应符合相关标准要求,并记录在试验报告中。除非另有说明,在选择试验频率时将遵循以下要求。

对于离散频率的试验设备,每组(10个离散频率为一组)应至少选择100个试验频率点,试验频率应按对数间隔排列。例如,100MHz以上可用式(4.3)计算试验频率点:

$$f_{n+1} = f_n \times 10^{1/(N-1)} \tag{4.3}$$

式中:n为整数,$n=1\sim N$;N为频率采样数;f_n为第n个试验频率(f_1为起始频率,f_n为结束频率)。

如果起始频率为150MHz,频率采样数为100,则

$$\begin{cases} f = 150.00\text{MHz} \\ f = 153.53\text{MHz} \\ f = 157.14\text{MHz} \\ f = 160.84\text{MHz} \\ \vdots \end{cases}$$

每个测试频率的驻留时间至少为0.5s,不包括受试设备的响应时间和搅拌器转动(至完全停止)所需的时间。每个试验频率下增加的驻留时间会使受试设备得到充分的电磁辐照,并考虑到低频调制期间的"关闭时间"。调制至少需要两个完整的周期。例如,若采用1Hz的方波调制,则驻留时间不应小于2s。根据受试设备和测试设备的响应时间以及应用的模式来选择驻留时间,所选择的驻留时间应记录在试验报告中。

对于连续频率扫描的试验设备,最快的扫描速率应等于每10个离散频率的数量乘以驻留时间,即每组频段内的100个离散频率乘以1s驻留时间等于100s扫描速率。只有当受试设备和陪试设备能够对电磁辐照完全响应时,才能使用最快的扫频速率。如果无法验证受试设备是否能够对扫频辐照做出充分响应,则应使用离散频率进行辐照测试,除非产品厂家指定了扫频速率。不建议在连续搅拌测试下进行扫频测试。

注意:有的测试会提前得知受试设备的响应频率,如图像频率、时钟频率等,这时应当增加其响应频率之外的测试频率。具体测试时要根据制造商或政府监管要求,列出优先的特定扫频速率或频率间隔。

步骤5:测试过程。

可使用步进搅拌模式或连续搅拌模式进行试验。步进搅拌模式最少步进位置数量应与腔室校准时一致。搅拌器应以均匀间隔进行旋转,每个测试频率处都有一个完整的搅拌周期。连续搅拌模式应确保受试设备至少应暴露在最低数量的样本中(与校准期间校准设备所需的样本数相同)。无论采用哪种模式,都应确保受

试设备在驻留时间内受到期望水平的电场强度的辐照。这对于连续搅拌模式尤其重要。

应注意的是,如果数据表明混响室性能良好,则混响室校准允许将步进位置数减少到 12 个。使用校准时所用的接收天线监测并记录最大接收功率 P_{MaxR} 和平均接收功率 P_{AveR},以确保产生所需的目标强度场域。P_{AveR} 的作用是确保混响室没有过载,若 P_{AveR} 与步骤 2 中求得的值相比,偏差大于 3dB,则说明混响室过载。P_{MaxR} 用于估计测试区域产生的峰值电场强度。

监测并记录 P_{Input} 和 $P_{Reflected}$ 的平均值,如果在一个旋转周期内 P_{Input} 的偏差大于 3dB,则需要在试验报告中注明。

按照测试计划调整载波,确保峰值幅度符合试验大纲中的要求。

使用适当的天线和调制方式,使扫描频率范围包含频率上限。

注意:使用脉冲调制时,应确保混响室的响应时间足够快,以适应脉冲测试。校准点之间需要使用线性插值。

步骤 6:试验报告。

电磁兼容试验需要提供试验报告。报告应包括电缆布局和受试设备与电缆的相对位置,试验装置示意图或照片。此外,除了包括与受试设备相关的报告要求外,试验报告还应包括以下参数(每个试验频率)。

(1)接收天线的最大接收功率,用于监测腔室内电场;

(2)接收天线的平均接收功率,用于监测腔室内电场;

(3)传送至混响室发射天线的正向功率;

(4)来自混响室发射天线的反射功率;

(5)数据采集阶段正向功率变化(大于 3dB);

(6)基于混响室输入功率的场强电平与采用 4.4.2.3 节所述方法计算的场强电平之间大于 3dB 的偏差(该偏差无法解决)。

其他相关标准中使用混响室进行电磁兼容试验的方法和步骤与本文介绍的 6 个步骤类似。

4.4.4 辐射发射测量

本节介绍了使用混响室进行电子设备(有意或无意)的辐射功率测试方法,但没有涵盖辐射发射测量时的所有细节。有关测量仪器的信息见标准 CISPR 16 – 1 – 1[12]。一般来说,在使用混响室进行辐射发射测量时,可以直接使用标准 CISPR 16 – 1 – 1 中的信息,无须修改。

有两种例外情况需要额外考虑。

(1)混响室储能特性造成的短脉冲(小于 10μs)失真;

(2)机械搅拌器转动引起的发射信号的幅度明显变化。

如何选择合适的混响室品质因数(以及时间常数)见第 3 章。在选择驻留时间或转速以及选择要使用的检波器类型时,应考虑搅拌器对测试结果的影响。

步骤 1:测试装置。

标准 CISPR 16-2-3[13]中的测试装置适用于混响室测试,典型测试装置如图 4.7 所示。唯一的要求是,受试设备应距离腔室边界至少 1/4 个最低可用频率波长的距离,落地式受试设备应通过低损耗/低介电常数介质支架支撑在地板上方 10cm 处。为了确保受试设备的正常工作,允许使用接地面。此外无须改变接口电缆的位置,支撑台应采用非吸收型和非导电型材料。

在混响室中,发射天线(混响室校准期间用于检查混响室是否过载)应保持与校准位置相同。发射天线不能直接朝向受试设备或接收天线,受试设备也不能直接朝向接收天线(接收天线不应指向受试设备)。将发射天线朝向混响室某个角落是一种最佳配置。(如前所述,这取决于混响室的设计。在某些情况下,最好将天线指向搅拌器。)安装合适的测试软件、执行合理的操作规程并保持受试设备、测试设备、监控线路和负载的稳定性。

步骤 2:校准。

在采集数据之前,需进行检查以确定受试设备及其支撑设施是否使混响室过载。该项检查可按照 4.4.2.4 小节的步骤进行。如果使用连续搅拌模式,应注意确保与搅拌相关的问题得到充分解决。过载检查完成后,在校准过程中使用的发射天线端要接一个与射频源等效的特性阻抗,以终止发射天线的工作。

步骤 3:辐射发射试验。

试验可用于步进搅拌模式和连续搅拌模式。无论采用哪种模式,都要按照在校准过程中的样本数量(至少)对受试设备进行取样。对于步进搅拌模式,应使用混响室校准中的最小样本数量。搅拌器应以均匀间隔的方式旋转,以便每个频率都能旋转整周期。如果使用连续搅拌模式,则应确保对受试设备辐射发射的取样数量至少为混响室校准期间收集的样本数量。与步进搅拌模式一样,连续搅拌模式的样本应均匀分布在一个完整的搅拌器旋转周期内。

无论混响室于哪种模式下工作,都要在每个采样点驻留足够长的时间,以确保受试设备所有辐射发射都能被采集到(接收机扫描次数见 CISPR 16-2-3)。这对于连续搅拌模式尤其重要。连续搅拌模式只应用于使用峰值检波器的未调制信号。由于搅拌器的转动会引起接收信号的振幅变化,如果使用峰值检波器,通常会增加测试时间。当使用平均值或其他权重检波时,一般不适用于连续搅拌模式。

对于调制发射,如果使用均方根检波器,可以对测量带宽内的平均辐射功率进行测量。如果辐射带宽大于测量带宽,则总辐射平均功率可以通过对辐射带宽上的平均功率谱密度积分而得到。

使用校准时的接收天线监测并详细记录每个频段的 P_{MaxR} 和 P_{AveR}。

注意,为了准确测量 P_{AveR},接收设备的背景噪声 P_{MaxR} 应至少低于 20dB。

选用适当的天线及带宽,使扫描频率范围达到频率上限,扫描时间按照试验大纲进行。

步骤4:确定辐射功率。

通过测量接收天线的接收功率,并进行混响室的损耗校正,就可得到受试设备所辐射的射频功率(在测量带宽内)。可用平均或最大接收功率表征受试设备的辐射功率。式(4.4)为基于平均接收功率的测量,式(4.5)为基于最大接收功率的测量[3]:

$$P_{\text{Rad}} = \frac{P_{\text{AveR}} \times \eta_{\text{Tx}}}{\text{CCF}} \tag{4.4}$$

$$P_{\text{Rad}} = \frac{P_{\text{MaxR}} \times \eta_{\text{Tx}}}{\text{CLF} \times \text{IL}} \tag{4.5}$$

式中:P_{Rad}为设备的辐射功率(在测量带宽内);CLF为混响室负载系数;IL为混响室插入损耗;CCF为混响室校准因子,可表达如下:

$$\text{CCF} = \left\langle \frac{P_{\text{AveR}}}{P_{\text{Input}}} \right\rangle_n \tag{4.6}$$

式中:n为天线位置的数量。IL可表达如下:

$$\text{IL} = \left\langle \frac{P_{\text{MaxR}}}{P_{\text{Input}}} \right\rangle_{8\text{或}3} \tag{4.7}$$

当测试频率低于1/10起始频率时,使用8个探头或天线位置,其他情况使用3个探头或天线位置进行计算。

P_{AveR}为参考天线在多个搅拌器位置的平均接收功率(在测量带宽内);P_{MaxR}为多个搅拌步数下接收到的最大功率(在测量带宽内);η_{Tx}为校准混响室时发射天线的效率系数,如果天线效率未知,可以假设对数周期天线为0.75,喇叭天线为0.9(注:这些值可能小于某些商用天线的值)。

根据平均功率进行测量的优点是不确定度较低,缺点是测量系统的灵敏度比根据最大辐射功率P_{MaxR}的结果低20dB,导致无法得到准确的平均测量值。

步骤5:估计受试设备产生的自由空间场(远场)。

受试设备在距离Rm处产生的电场强度可通过下式进行估算:

$$E_{\text{Rad}} = \sqrt{\frac{D \cdot P_{\text{Rad}} \cdot \eta_0}{4\pi R^2}} \tag{4.8}$$

式中:E_{Rad}为受试设备产生的估计电场强度(V/m);P_{Rad}为由式(4.5)得到的辐射功率(W);η_0为自由空间的固有阻抗,η_0约为377Ω;R为测试位置与受试设备之间的距离(m),为确保在远场条件的足够距离;D为受试设备的等效方向性,若受试设备辐射模式相当于偶极子,通常使方向性$D=1.7$。

测试过程中,建议使用$D=1.7$,除非产品厂家可以提供更合适的值。关于设备器件方向性的研究可以参见文献[14]。

计算得出的场强并不总是与开阔试验场(open area test sites,OATS)或类似试验场给出的测量结果一致。如果需要,这种一致性可根据受试设备类型或产品类型,通过特定方法实现。

应该指出的是,由于存在对辐射波的反射(如地面),实际的自由空间模型是不精确的。式(4.8)中给出的辐射场强应考虑采用反射波进行修正,但是该电场可与没有反射环境的电波暗室中的测试结果进行比较。

步骤6:试验报告。

试验报告应在试验结束时生成,除了与受试设备相关的报告要求外,试验报告还应包括以下参数(每个试验频率)。

(1)接收天线的最大接收功率(如有记录);

(2)接收天线的平均接收功率(如有记录);

(3)式(4.4)或式(4.5)中定义的受试设备发射功率;

(4)如果估计的电场要求在报告中说明,那么计算辐射电场时假设的方向性系数也需要在报告中说明(式4.8);

(5)步骤3要求的加载数据;

(6)线缆布局以及受试设备相对线缆的位置;

(7)试验布局图(如照片)。

4.4.5 辐射发射测量实例

为了证明可以使用混响室进行电磁兼容试验,选择了1台一体机和1台Wi-Fi路由器(华为H533)作为辐射发射测量的受试设备,如图4.9所示。在这种情况下,受试设备是主动辐射器,工作频率在2.45GHz左右。计算机和路由器组成了1个可以在混响室内部或外部操作的通信系统。所用的利物浦大学混响室的尺寸为5.8m×3.6m×4m。对于选用的2m×1.5m×2m的受试设备,最低可用频率约为150MHz。

在正式测试之前,检查了受试设备在150MHz到3GHz频率范围内的辐射情况,除了在2.45GHz左右外,其他频率几乎没有辐射。这表明受试设备质量良好,应该能通过此次的电磁兼容试验。本演示试验旨在测量2.45GHz左右的辐射发射,其结果将用于4.5节中的结果比较。为了确保辐射信号的一致性,在整个测量过程中,计算机和路由器均开机并处于通信状态。测量频率范围为2.3~2.6GHz。本次试验使用了两套商用宽带天线:天线1是0.3~5GHz的对数周期天线,辐射效率约为85%,而天线2是2~18GHz的双脊喇叭天线,辐射效率约为95%。选择高性能频谱分析仪作为接收机,采用数字信号发生器作为参考信号发生器。

步骤1:试验装置。

测量装置如图4.10所示。发射/参考天线,即天线1,在混响室中保持与校准时位置相同。

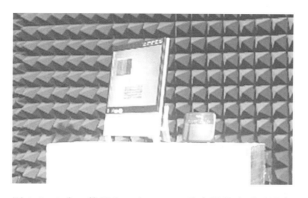

图 4.9　1 台一体机和 1 台 Wi-Fi 路由器作为受试设备

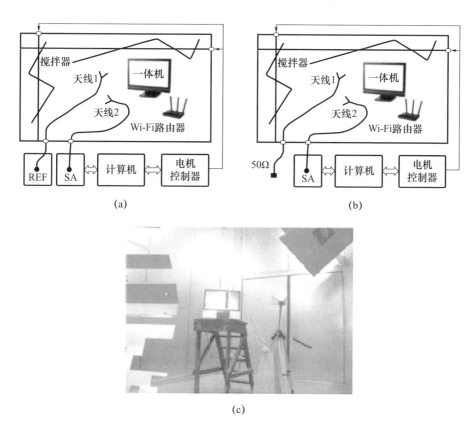

图 4.10　测量装置
(a)用于校准；(b)用于辐射测量；(c)混响室内受试设备和天线。

发射天线指向其中一个搅拌器,不直接朝向受试设备或接收天线。接收天线,即天线2,位于受试设备区域,并指向一个角落,不直接朝向受试设备,这就是使用定向喇叭天线的原因。

步骤2:校准。

在收集数据之前,需确定受试设备及其支撑设施是否使混响室过载。步进搅拌模式选择步进角度为1°的步长,这意味着每个频率在整个旋转周期有359个样本。如图4.10(a)所示,信号发生器连接到天线1,频谱分析仪使用天线2接收信号。在2.45GHz时,参考源提供的功率为 $P_{ref}=0(1mW)$。在没有受试设备时,频谱分析仪接收到的平均功率为 $P_{refNoEUT}=-38dBm$,损耗主要来自混响室和两条线缆(分别为2.5dB和3.5dB)。

在有受试设备时,频谱分析仪处的接收功率为 $P_{refEUT}=-40dBm$,这意味着来自受试设备的额外损耗为2dB,可以接受的。

在确保混响室没有过载后,将发射天线端接一个匹配特性阻抗负载(50Ω),该负载相当于校准期间使用的射频源,如图4.10(b)所示。

步骤3:辐射发射试验。

辐射发射测试在步进模式下进行,每个频率下搅拌器一个完整旋转周期有359个采样位置。使用校准时的接收天线,监测并记录测试接收功率 P_R。图4.11(a)给出了单个步进位置处的接收功率,图4.11(b)给出了整个旋转周期内的平均功率。这些接收信号来自满足 IEEE 802.11b 标准的计算机和路由器。信道分配如图4.12所示,共有14个信道,每个信道的带宽为22MHz。为了避免干扰,计算机和路由器使用了不同的信道,各信道之间没有重叠,一个使用信道6,另一个使用信道11。从图4.11可以清楚地看出,辐射功率略有不同。

步骤4:辐射功率的测定。

对接收天线的接收功率进行测量,并对腔室损耗进行校准,可得到受试设备在测量带宽内的射频功率。由于辐射功率远高于本底噪声,使用不确定度较小的平均接收功率,可得

$$P_{Rad} = \frac{P_{AveR} \cdot \eta_{Tx}}{CCF} = P_{AveR} \cdot \eta_{Tx} \cdot \frac{P_{ref} \cdot L_{cable1} \cdot (1-|S_{11}|^2)}{P_{refEUT}} \quad (4.9)$$

式中:L_{cable1} 为连接到天线1的电缆1的损耗因数;S_{11} 是天线1的反射系数;P_{AveR} 和 P_{refEUT} 分别为步骤3中从受试设备接收的平均功率,以及在步骤2中从参考源接收的平均功率,它们都是频率的函数。$P_{ref}=0(1mW)$ 为辐射源功率,$P_{ref} \cdot L_{cable1} \cdot (1-|S_{11}|^2)$ 为在一次搅拌旋转过程中相对于发射天线的平均正向功率。

使用式(4.9)得到 EUT 的最终辐射功率,如图4.13所示,最终辐射功率是受试设备辐射功率的绝对值,其中不包括线缆和混响室损耗。信道6处的辐射频率功率密度约为 -2dBm/MHz,而信道11处的辐射频率功率密度约为 0dBm/MHz,均在规定要求的范围内。

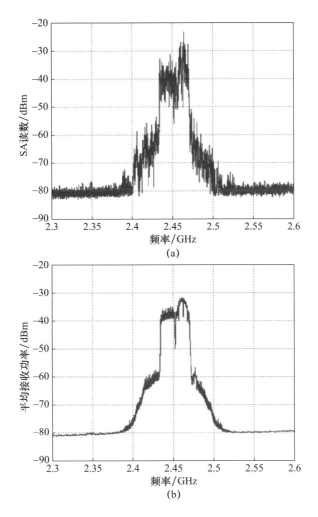

图 4.11 接收功率
(a)一个搅拌器位置的接收功率;(b)平均接收收率。

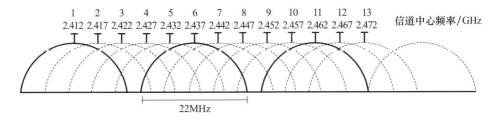

图 4.12 IEEE 802.11b 信道
(资料来源:http://en.wikipedia.org/wiki/List_of_WLAN_channels EUT 辐射功率)

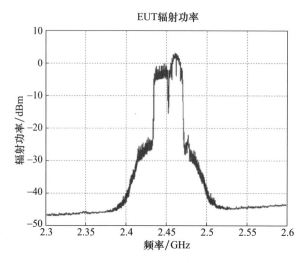

图4.13 最终测量的辐射功率

步骤5：估计受试设备产生的自由空间场(远场)。

受试设备在距离 R_m 处产生的场强可通过式(4.8)进行估算，即

$$E_{Rad} = \sqrt{\frac{D \cdot P_{Rad} \cdot 30}{R^2}}$$

式中：P_{Rad} 是根据式(4.9)得到的。

在实例中，受试设备的方向性 D 是未知的，这是使用混响室的一个缺点，它只能估计为 $D=1.7$(如建议值)。这是一个合理的估计值，因为路由器有一个偶极型天线，而半波长偶极子的方向性为1.64。

使用计算机控制的自动测量系统，测量时间约为5h(由于采用了1°的精细步长和10001个频率点，所以结果更精确)，数据处理相对简单。

4.5 混响室与其他电磁兼容试验平台对比

自使用混响室进行电磁兼容试验以来，一直存在这样一个问题：从混响室获得的结果是否可以与现有的其他试验平台(如OATS、电波暗室和半电波暗室)的试验结果进行比较。许多人试图用数值分析、仿真模拟和试验方法来解决这个问题[15-17]。它们之间一个明显差异是：混响室中的试验结果从统计学上来说是有意义的(通常是搅拌器旋转一周的平均值)，而其他试验平台的结果通常是确定值，没有必要进行平均处理。这是我们必须接受和习惯的现实，因为混响室就是这样一种试验环境，其单一的试验结果不具有足够的代表性，所以需要使用统计学意义上的平均结果。如果对不同频率处的测试结果进行平均处理，就可以获得平滑的结果。

对于辐射发射测试的研究,已有许多文献出版,这是一个比较容易获得结果并进行对比的领域。文献[15]中,Harrington 进行了一项有趣的研究,在开阔场(OATS)、GTEM 室和混响室中对偶极天线和简单的箱式受试设备的辐射发射进行了测试。对比结果如图4.14所示,测试中使用了3m的开阔场,并将测试结果与GTEM室和混响室(根据测量的总辐射功率计算)的结果进行了比较,如图4.14所示测量结果之间吻合度非常好。虽然混响室和GTEM室测得的辐射场强比OATS有更大的波动,但不同测试平台之间的平均预测场强是相当的。对于某些受试设备,GTEM室中可能需要选取6个或更多位置,以确保完全捕获总辐射功率,而在不旋转受试设备的情况下可以通过混响室采集各种功率(需要旋转搅拌器,这是混响室的一个优点)。基于这些结果,可以得出结论:至少在最大和最小响应包络成比例的误差范围内,混响室和GTEM室都能提供预达标甚至完全合格的辐射发射测试场地。

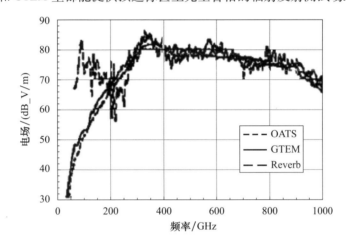

图4.14 3种不同测试场地的辐射发射电场响应
(资料来源:Harrington[15],复印件由 IEEE 提供)

另外,还应在电波暗室中对受试设备的辐射发射量进行测试,如图4.15(a)所示。将电波暗室中实测辐射电场与4.4.5节中混响室中测得的辐射功率电场进行比较,结果如图4.15(b)所示,可以看到它们的一致,由于受试设备(尤其是计算机)的辐射不是全向辐射模式,而且图中的实测电场仅为电波暗室的一个方向,混响室的测试结果不包含方向信息,因此不期望它们是完全匹配的。陪试设备的设置和动态范围造成了两种测试环境中本底噪声水平的差异。如果使用不同的设置,在两种情况下,本底噪声可以调到大致相同的水平。

对于辐射抗扰度和敏感度测试,也做了大量的工作。文献[16]对比了使用混响室和半电波暗室进行辐射敏感度的试验结果,其中校准和试验过程与 DO – 160D 第20节[8]中的要求相同。测试时选取了一个具有代表性且存在典型设计缺陷的受试设备。这两种测试方法都产生了高强度的射频信号,这些信号被耦合到受试设备内部的接收回路上,由混响室外的功率计进行测量。在分析数据时,两种方法在被测频率范围内(400MHz~18GHz)会产生相同的峰值,但混响室倾向于"拉高"波谷,这是消除了半电波暗室测试结果中最小耦合点的结果。作者认为,在全频率段内将射频能量耦合到"典型"航空电子设备箱中时,混响室方法的效果更好。

在文献[17]中,比较了混响室和电波暗室中的辐射抗扰度的试验结果。采用双传输线作为受试设备,监测外部电场在线路上的感应电流,以建立敏感度剖面图。同时考虑搅拌器旋转时的平均电流和最大感应电流,研究混响室测试方法中由于受试设备位置和朝向变化的鲁棒性。从理论上讲,感应电流的平均值是由多个独立搅拌位置上的最大值求取平均得到的。

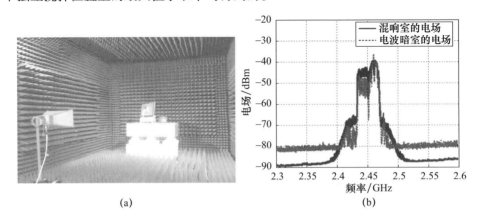

图 4.15 （见彩图）辐射发射测量
(a) 电波暗室中的受试设备;(b) 混响室和电波暗室中实测电场对比。

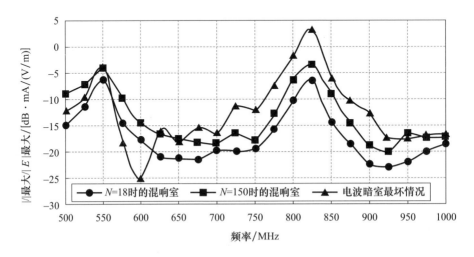

图 4.16 受试设备在混响室和电波暗室中最大感应电流
(资料来源:De Leo 和 Primiani[17],复印件由 IEEE 提供)

图 4.16 给出了混响室和电波暗室的测试数据对比,为了便于比较,两种测试场地的感应电流都进行归一化处理。混响室给出了两种独立搅拌位置($N=18$ 和 $N=150$)的测试结果。独立搅拌位置数量越多,测试结果越接近电波暗室测得的最强耦合结果。值得注意的是,在混响室中有可能失去一些与特定极化方向和入射方向有关的最坏情况,并且感应电流的低估程度取决于所选搅拌器位置的数量。如果电波暗室已经找到受试设备的最强耦合情况,那么在混响室中进行抗扰度试验时,应考虑足够的安全裕度,这取决于受试设备的方向性和独立搅拌位置数量。必须指出的是,对于复杂的受试设备,除非用非常耗时的方法进行大量排查所有可能的入射角,否则很难得到电波暗室中的最坏情况(特定的极化方向和入射方向)。在某些情况下,如汽车辐射抗扰度测试,无法预知实际工作场景中的辐射干扰源方向,在混响室中可以进行全向辐照测试,虽然是统计意义上的,但可以对受试设备进行所有方向上的辐照。文献[17]中还总结了其他重要问题。混响室和电波暗室的辐射抗扰度测试对比如表 4.6 所列。混响室的不确定度通常高于电波暗室,但混响室所需的输入功率要比电波暗室中的小得多,测试时间取决于多种因素。对于电波暗室内的标准测试,天线的高度要进行调整,通常从 1m 变为几米,但混响室内的测试没有这样的要求。现在人们普遍认为,混响室内的辐射类电磁兼容试验要比在电波暗室中的速度更快[18],但与电波暗室不同的是,混响室中没有关于电磁场方向和极化的信息。

表 4.6 混响室和电波暗室的辐射抗扰度测试对比[17]

参数	混响室	电波暗室
不确定度($k=2$)	±3.3 dB(实例中)	±2.6 dB(实例中)
100V/m 所需功率	11W(平均场) 1.6W(最大场)	300W($G_T=10, d=3m$)
相对成本(仅混响室)	1	7~10
测试时间	$18(12) \times N_{freq} \times$ 驻留时间	$2 \times 4(8) \times N_{freq} \times$ 驻留时间

4.6 小结

本章介绍了如何使用混响室进行电磁兼容试验,给出了详细的试验布局、步骤、相关理论和计算公式。本章选择 IEC 61000 标准的第 4-21 部分作为主要参考,并给出了一些测试实例来具体说明如何利用混响室进行辐射类的电磁兼容试验。对混响室和其他传统电磁兼容试验平台进行了对比,指出了它们各自的优缺点。

参考文献

[1] H. A. Mendes,'A new approach to electromagnetic field strength measurements in shielded enclosures', Wescon Technical Papers, Los Angeles, August 1968.

[2] P. Corona, G. Latmiral, E. Paolini and L. Piccioli, 'Use of reverberating enclosure for measurements of radiated power in the microwave range', *IEEE Transaction on Electromagnetic Compatibility*, vol. 18, pp. 54 – 59, 1976.

[3] I EC 61000 Part 4 – 21: testing and measurement techniques – Reverberation chamber test methods, ed. 2, 2011.

[4] 'American National Standard Dictionary for Technologies of Electromagnetic Compatibility (EMC), Electromagnetic Pulse (EMP) and Electrostatic Discharge (ESD) (Dictionary of EMC/EMP/ESD Terms and Definitions)', ANSI C63. 14 – 1998, 1998.

[5] DIRECTIVE 89/336/EEC OF THE EUROPEAN PARLIAMENT AND OF THE COUNCIL, 1989, which is now replaced by 2004/108/EC. http://eur – lex. europa. eu/LexUriServ/LexUriServ. do? uri = OJ:L:2004:390:0024:0037:EN:PDF (accessed 4 August 2015).

[6] M. L. Crawford, 'Generation of standard EM fields using TEM transmission cells', *IEEE Transaction on Electromagnetic Compatibility*, vol. 16, pp. 189 – 195, 1974.

[7] A. Nothofer, D. Bozec, A. Marvin and L. McCormack, 'Measurement Good Practice Guide, No. 65: The Use of GTEM Cells for EMC Measurements', National Physical Lab (NPL), UK, 2003. http://site. yorkemc. co. uk/assets/YorkEMC – NPL_gtem – good – practice. pdf (accessed 4 August 2015).

[8] RTCA DO 160D. http://everyspec. com/MISC/download. php? spec = RTCA_DO – 160D. 048944. pdf (accessed 4 August 2015).

[9] L. R. Arnaut, 'Time – domain measurement and analysis of mechanical step transitions on mode – tuned reverberation chamber: Characterisation of instantaneous field', *IEEE Transaction on Electromagnetic Compatibility*, vol. 49, pp. 772 – 784, 2007.

[10] V. Rajamani, C. F. Bunting and J. C. West, 'Stirred – mode operation of reverberation chamber for EMC testing', *IEEE Transaction on Electromagnetic Compatibility*, vol. 61, pp. 2759 – 2764, 2012.

[11] 'EN 61000 – 4 – 21:2003 Electromagnetic compatibility (EMC). Testing and measurement techniques. Reverberation chamber test methods,' ed, 2003.

[12] CISPR 16 – 1 – 1 (Measuring apparatus), ed. 3. 2, IEC, June 2014.

[13] CISPR 16 – 2 – 3 (Radiated disturbance measurements), Am2 ed. 3. 0, IEC, March 2014.

[14] P. Wilson, G. Koepke, J. Ladbury and C. L. Holloway, 'Emission and immunity standards: replacing field – at – a – distance measuremnt with a total – radiated – power measurements', 2001 *IEEE International Symposium on Electromagnetic Compatibility*, 2001. EMC, August 2001, Motreal.

[15] T. Harrington, 'Total – radiated – power – based OATS – equivalent emissions testing in rever-

beration chambers and GTEM cells', *IEEE International Symposium on Electromagnetic Compatibility*, 2000. EMC, August 2000, Washington, DC.

[16] E. J. Borgstrom, 'A comparison of methods and results using the semi – anechoic and reverberation chamber radiated RF susceptibility test procedures in RTCA/DO – 160D', 2004 *International Symposium on Electromagnetic Compatibility*, 2004. EMC 2004, August 2004, Washington, DC.

[17] R. De Leo and V. Primiani, 'Radiated immunity tests: reverberation chamber versus anechoic chamber results', *IEEE Transactions on Instrumentation and Measurement*, vol. 55, 1169, 2006.

[18] M. Hoijer, 'Fast and accurate radiated susceptibility testing by using the reverberation chamber', 2011 *IEEE International Symposium on Electromagnetic Compatibility (EMC)*, August 2011, Long Beach, CA.

第 5 章
单端口天线测量

本章主要讨论单端口天线在混响室中的性能测试,重点是利用混响室进行单端口天线效率的测量。天线效率是一个非常重要的参数,混响室可以很好地对该参数进行准确测试。在介绍测试原理、方法和步骤之前,首先给出天线效率的概念,从而使用户在了解基本概念的基础上进行测量。本章将进一步推广混响室在天线测试方面的应用。

本章的研究对象是一个相对较新的热点:织物天线。尽管是利用织物天线进行研究测试,但本章中给出的步骤和方法同样适用于其他类型的单端口天线(如传统天线或其他新型天线)。

本章还研究了如何使用混响室来评估天线的"安装"性能,从系统的角度考虑更全面的因素。出于这个目的,本章说明了选择织物天线作为研究对象的原因。有很多参数可以评估天线的性能,而辐射效率是混响室测量中的一个重要指标。由于传统的测量方法很难获得天线的辐射效率,而利用混响室则相对容易,因此本章的研究重点是天线辐射效率的测量。

5.1 概述

人们越来越关注以人体为中心的无线通信技术,该技术旨在为医疗保健行业、消费电子行业、时装行业和军事领域的可穿戴技术等提供解决方案。在以人体为中心的无线通信链路中,关键组件是天线设备。可穿戴天线应符合人体工程学,适合与人体集成。此外,可穿戴天线不应过于笨拙,应保持灵活性,在带宽、反射系数和辐射效率等方面还要保持较高的性能水平,并且制造成本要低。为了满足这一系列多样化的要求,人们发明了织物天线,这种天线会持续受到越来越多的关注[1-9]。

当在人体附近进行无线通信时,传播信道取决于身体姿态、动作、天线的安装位置、当时的周围环境以及人体与天线之间的相互作用[10-12]。由于在该测试场景中存在人机耦合效应,因此无线电传播信道通常是不稳定的。

织物天线的辐射和总辐射效率性能也会受到一些因素的影响,这是 P. J. Soh 和 G. A. E. Vandenbosch 合作得出的结果,织物天线是他们提出的[3-4]。

选择混响室作为测试场地的原因之一是它可以提供统计意义上的均匀电磁环境,当与受试者共同进行测试时,可提供一个确定度较高的测试场地。在测试过程中,由于人体呼吸等原因,不可避免地会出现一些动作。在其他测试场地中,这种人体动作可能会带来一些问题,但在混响室中,由于人体动作可看作混响室边界条件的变化,因此这种现象不会增加结果的不确定度。混响室的另一个优势是可以快速简便地完成整个测量过程。

文献[13]给出了一个在混响室中对真人进行的天线辐射效率测试的试验。结果表明,混响室测试结果与在电波暗室中获得的结果一致,并且还对人体组织模型进行了测量,这是试验过程中验证真人时最常用的模型,并将混响室测试结果与其他测试场地的结果进行了对比。文献[13]的结果也表明,尽管受试者的特征不同,天线的类型在决定其总体效率性能方面起着更重要的作用。

本章对织物天线佩戴在人体上时的性能进行了研究,解决了为人体通信设计的织物天线性能测试中的相关问题。还对由人体动作引起的弯曲对天线性能的影响,以及佩戴在不同的身体部位和与人体的贴近距离对织物天线性能的影响进行了评估。

本章还给出了混响室中有受试者和无受试者参与条件下的详细测量过程,以及不同受试者对混响室测量结果的影响,并得出此类测量具有重复性。此外,还推导出测试不确定度,提高混响室中天线性能的测试结果的可信度。

5.2 天线效率

5.2.1 辐射效率

一般来说,天线效率由两个部分组成:辐射效率和总辐射效率。关于辐射效率,可参考 IEEE 标准中的定义[14]:天线在终端所能接受的总辐射功率与净功率之比。

辐射效率是天线结构中的欧姆损耗造成的,即天线材料等因素造成的损耗。定义中的"净"至关重要,这说明不考虑损耗系数,如阻抗失配引起的损耗。若天线的阻抗匹配较差,只能将1%的功率传递给天线,天线辐射了1%的功率,则根据其定义,天线的辐射效率就是100%。

现在讨论如何使用混响室方法来测量天线辐射效率。一般来讲,需要使用参考天线,即已知性能特性的天线。

最近发表的一些技术方法不需要使用参考天线,见第7章。然而,在本章中,将围绕标准测量方法进行测试,即在测量过程中使用参考天线。在接收端对两个天线分别进行测量:一个是效率未知的天线,称为待测天线(antenna under test, AUT);另一个是效率值已知的天线,称为参考天线。

使用混响室进行天线效率测量时,陪试设备为参考天线和矢量网络分析仪。矢量网络分析仪的发射功率会遭到发射天线的反射(由于阻抗失配),发射天线的反射系数为 S_{11},辐射效率为 η_F,因此注入混响室内的功率(忽略整个系统的线缆和连接器损耗)为

$$P_{\text{Chamber}} = P_{\text{Source}}(1 - |S_{11}|^2) \cdot \eta_F \tag{5.1}$$

该功率的一部分到达接收天线(参考天线或待测天线),表示为

$$P_{\text{in}} = P_{\text{Chamber}} - P_{\text{Loss}} \tag{5.2}$$

式中:P_{Loss} 为混响室内的功率损耗。

假设待测天线和参考天线所处位置的功率相同:一部分功率被损耗(由于天线效率);另一部分功率被反射(由于天线和线缆连接器之间不匹配),最终传输到矢量网络分析仪接收端口的功率为

$$P_{\text{R\_i}} = P_{\text{in}} \cdot \eta_i \cdot (1 - |S_{22i}|^2) \tag{5.3}$$

则

$$|S_{21\text{REF}}|^2 = \frac{P_{\text{R\_REF}}}{P_{\text{Source}}} = \frac{P_{\text{in}} \cdot \eta_{\text{REF}} \cdot (1 - |S_{22\text{REF}}|^2)}{P_{\text{Source}}} \tag{5.4}$$

和

$$|S_{21\text{AUT}}|^2 = \frac{P_{\text{R\_AUT}}}{P_{\text{Source}}} = \frac{P_{\text{in}} \cdot \eta_{\text{AUT}} \cdot (1 - |S_{22\text{AUT}}|^2)}{P_{\text{Source}}} \tag{5.5}$$

由式(5.4)和式(5.5)可得

$$\eta_{\text{AUT}} = \left\{ \frac{|S_{21\text{AUT}}|^2 (1 - |S_{22\text{REF}}|^2)}{|S_{21\text{REF}}|^2 (1 - |S_{22\text{AUT}}|^2)} \right\} \cdot \eta_{\text{REF}} \tag{5.6}$$

为了计算待测天线的辐射效率,除了测量S参数外,还需要参考天线的辐射效率。根据上述推导,可以看到最终结果与发射天线无关,因此不需要校准,混响室的损耗不影响最终结果。

由于混响室测量结果是搅拌器多个步进位置的平均值,因此式(5.6)应写为

$$\eta_{\text{AUT}} = \left\{ \frac{\langle |S_{21\text{AUT}}|^2 \rangle \cdot (1 - |S_{22\text{REF}}|^2)}{\langle |S_{21\text{REF}}|^2 \rangle \cdot (1 - |S_{22\text{AUT}}|^2)} \right\} \cdot \eta_{\text{REF}} \tag{5.7}$$

式中:⟨ ⟩为多个搅拌位置获得散射参数的平均值;| |为绝对值。

式(5.7)中,反射系数并不是多个搅拌器位置的系综平均值,而是在电波暗室中测得的,也可以在混响室测量得到天线的反射系数,如文献[15],此时应调整

式(5.7)中的反射系数,以说明它们是多个搅拌位置的平均值。

这里简要讨论混响室功率损耗的有关问题。要保证待测天线和参考天线的接收天线功率完全相同,在实际测试过程中,必须严格按照测试流程进行。这就引出了与第2章中混响室品质因数的联系。放置于混响室中的物体都会给混响室带来"加载",这将对混响室品质因数产生一定的影响。为了确保混响室中的损耗尽可能相同,到达相应天线的功率不会受到影响,要求尽可能保持混响室品质因数的稳定。

在整个测试过程中,所有可能参与测量的天线或陪试设备都应始终位于混响室内,以确保品质因数的稳定,否则可能会增加测试结果的不确定度。混响室内部的天线或陪试设备之间应有一个间隔距离,为避免引起互耦效应,其至少为工作频率波长的1/2距离。

5.2.2 总辐射效率

关于总辐射效率量,IEEE标准定义为[14]:总辐射功率与天线端口上入射功率之比。

从数学上讲,总辐射效率是天线的辐射效率和失配效率的乘积:

$$\eta_{\text{TOTAL}} = \eta_{\text{AUT}} \cdot (1 - |S_{22\text{AUT}}|^2) \tag{5.8}$$

从式(5.8)可以看出,总辐射效率考虑了天线的阻抗匹配。这意味着如果天线的阻抗匹配较差,只能将1%的功率传递给天线。如果天线辐射了1%的功率,则根据定义,它的辐射效率仍为1%,式(5.8)中的反射系数仍是在电波暗室中测得的。

5.3 织物天线

在文献[3-4]中,技术人员设计了一种单频织物天线,该天线基于平面倒"F"形的拓扑结构,工作频率为2.45GHz,用于工业、科学研究和医疗领域。该天线是由6mm厚的毛毡织物制成的,在工作频率2.45GHz处的介电常数和损耗角正切参数分别为 $\varepsilon_r = 1.43$, $\tan\delta = 0.025$。毛毡织物位于天线顶部的开槽辐射器和下方的小接地板之间,由以下两种不同的导电织物材料制成[16-17]。

(1)铜织物(平纹织物和涂层厚度为0.08mm,2.45GHz处 $\sigma = 2.5 \times 10^6 \text{S/m}$);

(2)ShieldIt™导电织物(厚度为0.17mm,2.45GHz处 $\sigma = 1.18 \times 10^5 \text{S/m}$)。

两种天线的外形和尺寸如图5.1和图5.2所示。

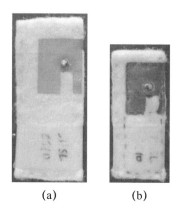

图 5.1　ShieldIt™ 导电织物和铜织物的单频带织物天线的辐射单元
(a)ShieldIt™ 导电织物；(b)铜织物。

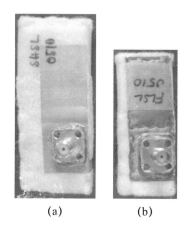

图 5.2　ShieldIt™ 导电织物和铜织物的单频带织物天线的接地板
(a)ShieldIt™ 导电织物；(b)铜织物。

5.4　测量步骤

如前所述,利物浦大学混响室的宽度为 3.6m,高度为 4m,长度为 5.8m。为了提高测试效率,先对混响室进行校准,使用双脊喇叭天线(Satimo 型号:SH 2000)进行校准,所选天线的方向图特性与待测天线相似。

通常情况下,可以使用全向参考天线。只需要将直接传递到接收天线的功率比例降到最低(低莱斯 K 因子),定向参考天线和全向参考天线不会有太大区别。

原因在于平面波到达角的性质相同,如第2章中所述,电磁波会以相同的概率从每个可能的角度到达接收天线。正是由于这一特性,实际测试中对参考天线的辐射方向图不做要求。

测试过程中发射天线不能直接朝向接收天线。根据经验,将发射天线指向机械搅拌器可以最大限度地减少直接传递到接收天线的功率比例,如第2章中的莱斯K因子内容。

测试频段为2000~3500MHz,频点数为801个。在整个测量范围内要有足够的数据量,确保能够在混响室内激发足够数量的模式,可根据第2章中的理论公式进行计算。

在混响室自由空间中进行天线效率测量,为了保证品质因数的稳定,在使用参考天线进行校准时,也要将待测天线置于混响室内。

若考虑天线的安装性能(天线加上受试者),则在整个校准阶段,受试者"负载"必须始终位于混响室内。这一要求的原因与上述原因相同,也是由于人体会显著地"加载"混响室,且可能是造成混响室损耗的最主要因素(比其他损耗更加严重,如墙壁损耗、孔隙泄漏损耗和天线损耗等)。测试过程中的参数说明如表5.1所列(包括两种情况下的参考天线测量和待测天线测量)。

表5.1 织物天线效率研究的参数说明

参 数	说 明
搅拌设置	机械搅拌,步进角度为5° 极化搅拌 5个位置搅拌 20MHz带宽的频率搅拌
每个频率点的样本总数	710
频率范围	2000~3500MHz
频点数量	801
源功率	13dBm

表5.1中的搅拌设置,基于以下4个原因。

(1)准确地测量天线效率,需要大量样本数据量(充分不相关的)。

(2)有受试者参与的测试,不必始终都待在混响室内。如有需要,受试者可以休息。

(3)有无受试者参与测试,搅拌方式完全相同,可以进行精确的对比。

(4)选择20MHz带宽进行频率搅拌(在11个频率点上的平均值),远小于天线的带宽,可以最大限度地减少频率分辨率的降低(仅为天线带宽的4%)。

在混响室内进行测量时,未参与测量的天线要端接阻抗匹配负载,确保混响室内的所有天线处于平衡状态。自由空间条件下的测试,需要将待测天线安装在支架上,并端接阻抗匹配的负载,在随后的测量中替换参考天线。

有受试者参与测试时,待测天线固定在人体胸部,并端接阻抗匹配负载。此时,将端接匹配负载的参考天线固定在支架上。整个测量过程中,需要清空受试者口袋中的物品(没有硬币、智能手机等),保证混响室的加载尽可能稳定。任何可能导致测试不确定度增加的因素都应当被消除,以获得重复性高且准确的结果。

受试者参与测量的设置如图 5.3 所示。这也是用于自由空间测量的试验设置,此时将天线安装在非金属支架上,可以消除人体加载的影响。

图 5.3 中标记了 5 个测试位置,各个位置的间隔都大于工作频率波长的 $1/2(\lambda/2)$,以获得更多的独立样本数据,在该试验中,所选距离为 0.8m。$\lambda/2$ 距离是在使用位置搅拌时经常使用的距离,其目的是确保各个位置的样本数据彼此不相关,正如在第 2 章和第 3 章中所看到的,当重复搅拌序列时,不会获得额外的搅拌效果。

此外,还可以看到受试者和参考天线之间始终存在一定的距离,这是为了避免两者之间耦合。

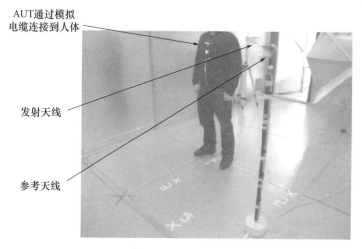

图 5.3 受试者参与测量的设置

5.5 自由空间测量

本节研究织物天线在自由空间中的辐射效率,后续各节将研究天线安装在不同的身体位置和贴近距离对天线辐射效率的影响。实测结果将与 CST 电磁仿真软件的仿真数据进行对比,以验证实测数据的准确性。天线辐射效率的仿真结果可通过天线增益或方向性方法获得。本节利用仿真数据对混响室实测结果的准确性和合理性进行验证。

5.5.1 自由空间性能

按照5.4节中的测量方法和表5.1中的测量参数进行测试,图5.4~图5.6给出了铜织物天线在自由空间中的辐射效率性能,图5.7~图5.9给出了ShieldIt™导电织物天线在自由空间中的辐射效率。

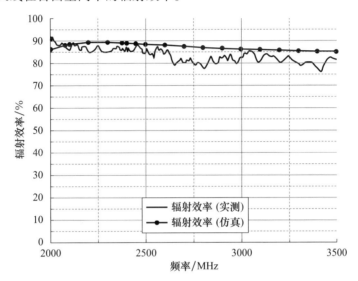

图5.4 铜织物天线在自由空间中的实测和仿真辐射效率

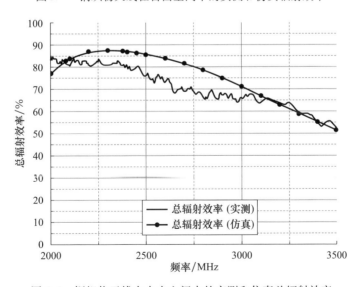

图5.5 铜织物天线在自由空间中的实测和仿真总辐射效率

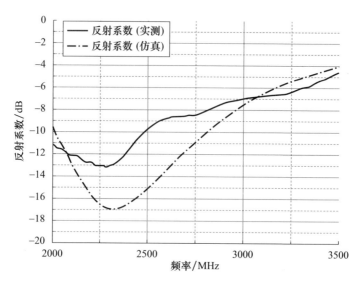

图 5.6 铜织物天线在自由空间中的实测和仿真反射系数

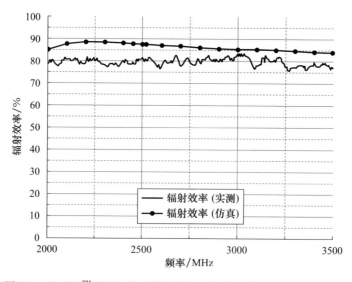

图 5.7 ShieldIt™ 导电织物天线在自由空间中的实测和仿真辐射效率

从图 5.4 中可以看到,实测结果和仿真结果的一致性非常好。这说明在自由空间中,铜织物天线是辐射效率较高的天线。

天线辐射效率可以用百分比表示,也可用分贝表示。采用分贝表示时,测量不确定度会有所不同。这是因为当天线效率很高时(如 95% 或 -0.223dB),5% 的测量不确定度可能产生 -0.423dB 的不确定度,用分贝表示的差异相对较小。

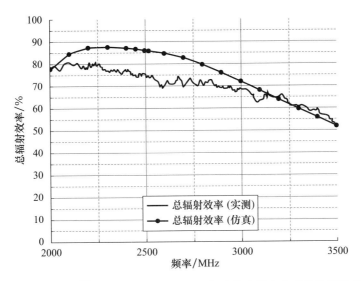

图5.8 ShieldIt™导电织物天线在自由空间中的实测和仿真总辐射效率

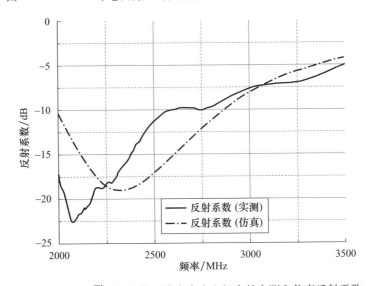

图5.9 ShieldIt™导电织物天线在自由空间中的实测和仿真反射系数

具有较大损耗的天线,辐射效率为20%的天线测量中包含5%的测量不确定度,就会产生较大的分贝差异(20%效率为-6.987dB,而15%效率为-8.239dB)。无论采用哪种表示方法,都要保证测量中的不确定度保持在较小的范围内,而且要了解不同表示方法与其真实值之间的关系。

由图5.5中可知,辐射效率在测试频率的开始和结束处的吻合度非常好,但在中间范围有较大差异。这是由反射系数造成的,如图5.6所示。两者反射系数的差异是由仿真模型和真实天线物理尺寸误差以及SMA连接器造成的。

在仿真建模阶段,要使仿真模型尽可能地接近天线的真实情况,实际天线制作过程中也应尽可能接近仿真提供的精确模型尺寸。

不管实测和仿真模型的反射系数之间的差异如何,在所需的 2450 MHz 中心频率处,实际天线具有良好的阻抗匹配。下面评估 ShieldIt™ 导电织物天线在自由空间中的实测和仿真辐射效率,如图 5.7 所示。

从图 5.7 中可以看出,ShieldIt™ 导电织物天线的辐射效率较高,但是与图 5.4 中的铜织物天线相比,辐射效率要低 8%～10%,尤其是在前 500 MHz 频段内。这些结果与预期设想一致,由电导率更高的材料制成的天线具有较高的辐射效率。

ShieldIt™ 导电织物天线在自由空间中的实测和仿真总辐射效率如图 5.8 所示。可以看出,在工作频带的前端和末端,测量和仿真的吻合度非常好,但是在中间频带存在差异。这也是由实际天线和仿真模型的反射系数造成的,如图 5.9 所示。可以看出,ShieldIt™ 导电织物天线在工作频带上阻抗匹配良好。

这两种天线都是高效的,并且在相关频带上阻抗匹配良好,与预期设想的结论一致。在自由空间中,与电导率较低的 ShieldIt™ 导电织物材料相比,电导率较高的铜织物天线具有更高的辐射效率和总辐射效率。

至此得知混响室可以进行天线辐射效率测试,其与仿真结果的高一致性也证实了这一点,并且验证了测试过程中参数设置的合理性。在后续的测试过程中,可以将这些参数作为测量的初始值。但是也要结合参与测试混响室的性能,评估测量精度,选择适当的试验参数,可以通过第 3 章给出的不确定度测量方法完成。

5.5.2 应避免的一般问题

在进一步测试之前,要讨论在混响室中进行辐射效率测量时要避免的一些通用问题。请注意,该讨论与织物天线无关,而是用户在进行天线效率测量时应注意的通用问题。

1. 小接地板

在对配备了小接地板的不平衡天线进行效率测量时,首先要了解天线接地板的表面电流性质。通常,表面电流会通过小接地板流向电缆,用户几乎无法控制这种现象。

在混响室测量中,这种现象表现为平均功率的下降,是由天线发射到空中的电流没有转化为辐射能量而导致的。

图 5.10 给出了这种趋势及其对混响室实测结果的影响。使用小型不平衡超宽带天线进行测试,结果表明在较低频率下,待测天线平均实测功率确实有所下降。

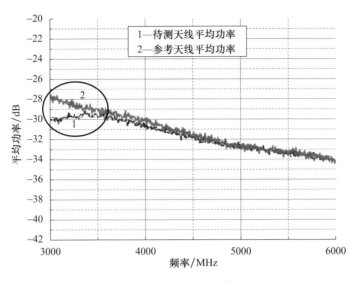

图 5.10 平均功率的下降趋势

应该注意的是,天线在此范围内阻抗匹配仍然良好,说明实测功率的下降并不是由设备的不匹配阻抗造成的。由于实测功率的下降(并非总是预期的),使用式(5.7)时,可预测在该频率范围内的效率较低。要克服这种影响并不容易,可以使用平衡-不平衡变换器,来阻止电流向下流向电缆,但转换器通常是窄带结构;也可以在设计阶段优化天线的接地板。对于超宽带天线,文献[18]提出了一种减小接地板对天线影响的方法,并提出一种对接地结构进行切割,以控制和限制表面电流的技术。

2. 不完全阻抗匹配

如 5.2.1 节所述,即使天线只接收了 1% 的输入功率,天线的辐射效率也可以达到 100%。在严重失配的极限条件下,很难在混响室中对天线辐射效率进行精确测量。

若发射天线输入混响室内功率电平较低,则严重失配的天线接收到的功率电平将会更低。在某些情况下,还可能接近混响室的"本底噪声"(背景噪声电平),这会影响测试结果的可信度,在实际测试过程中应避免这种低功率电平的问题。

一般而言,天线辐射效率的测量是为了说明天线结构设计的优势。在天线工作频率范围内其阻抗完全匹配,可以避免低功率电平的问题。

在混响室测量时,不会始终要求 -50dB 的反射系数,实际上也很少能实现。在精确测量天线辐射效率时, -0.3dB 量级的反射系数可以满足测试要求。

5.6 佩戴于人体上的天线测量

5.4 节中给出了受试者存在时的试验设置,表 5.1 也给出了测量过程中的参数设置。本节不仅要展示如何用真人在混响室中进行天线测量,还要给出织物天线在这种情况下的性能。

在这一阶段,重点研究贴近距离(天线和人之间的距离)对天线性能的影响。设置两个不同的贴近距离:距离受试者 0(接触)和距离受试者 20mm。这样选择的目的是研究从强(预期)耦合到低耦合过程中的天线效率的变化。这一阶段还给出天线安装在胸部、背部和身体弯曲位置处的测试结果。

将天线固定在衣服上,身体的动作会导致天线与人体之间的距离发生变化,会出现一些随机的间隔距离(如 5mm、10mm 等),这里设置两个极端距离进行测试。

5.6.1 胸部(0mm)位置研究

图 5.11 给出了天线贴近人体胸部位置处的穿戴测试场景。可以看出天线位于受试者胸部的中央,距离地面 1.38m。在这种情况下,0mm 并不意味着天线接触到受试者的皮肤。受试者穿着 1.5mm 厚的羊毛套衫(在所有试验中始终保持不变),天线固定在羊毛套衫上。实际上,天线元件本身并没有绑在人身上,而是使用尼龙扣带将连接的电缆固定到人身上,保持天线位于受试者的胸部。

图 5.11 天线贴近人体胸部位置处的穿戴测试场景

在整个测量过程中,要保证天线没有移动位置。对于此类试验来说,天线位置的移动可能导致测试结果不准确。

在图 5.11 中,受试者面向混响室的后墙,天线位于其胸前。这是为了使受试者胸前的被测天线不朝向身后的发射天线(远离发射天线)。图 5.11 中的天线垂直于胸部,这是因为这样更容易保持天线的 0mm 近贴距离。

铜织物天线的辐射效率如图 5.12 所示。对该天线进行 3 次独立的测量,以满足测量重复性的要求。还给出了与自由空间测量辐射效率的对比,以便于评估辐射效率的下降程度。

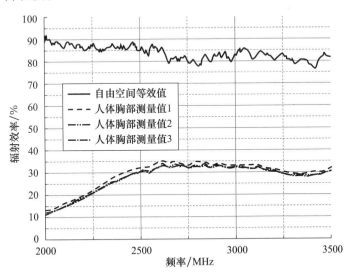

图 5.12　(见彩图)铜织物天线在自由空间和贴近人体胸部位置处的辐射效率

由图 5.12 可知,在 0mm 位置处,人体对天线辐射效率的影响很大,辐射效率水平显著降低。在测试频带的开始处(2000MHz),这种影响高达 78.15%。

辐射效率在最初的 600MHz 频率范围内也有所升高,这是由于人体与天线元件之间耦合度降低(天线并未接触人体皮肤)。随着频率开始升高,人体和天线的电学距离也不断增加。

此时 3 次独立测量结果之间的最大差异仅为 2%,这表明如果遵循正确的测试方法,可以在受试者存在的条件下获得重复良好的结果。铜织物天线佩戴于受试者身上时的总辐射效率如图 5.13 所示,进行了 3 次独立的测量,以验证可重复性。

总辐射效率再次证明了在有受试者存在的条件下天线性能存在严重的缺陷。在测量频带开始时,辐射效率下降了 72.65%。总辐射效率也出现了类似的趋势,3 次测量的重复性在 2% 左右。

试验中可能会出现天线方向改变的问题(图 5.11),特别是当天线垂直放置在胸部时更容易发生位置的变化。在可穿戴应用中,天线相对人体的位置和方向会随着用户的动作而发生变化。因此,需要开展佩戴于人体上天线处于不同方向状态时的性能研究。即使可穿戴天线是专为贴近人体或远离身体而设计的,在人的运动过程中,其性能也会发生变化。

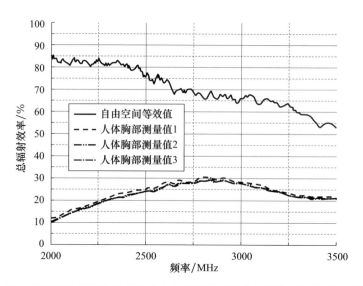

图5.13 （见彩图）铜织物天线在自由空间和贴近人体胸部位置处的总辐射效率

需要进行两种不同的场景试验：一种场景是将天线沿着身体（垂直于胸部）方向放置；另一种场景是将天线远离身体（平行于胸部）放置。此外，将天线固定在身体上其实违背了可穿戴天线设计的初衷，设计可穿戴天线的目的是能够提供传统（金属型）天线无法提供的灵活性和舒适性。测量设置如图5.14所示。

图5.14 改变方向的贴近人体的天线测量设置（距离为0）

为了准确地进行对比，本次试验的测量参数和流程方法与前面的完全相同。仅改变了天线在人体的固定位置，将电缆固定在手臂下方，从而使天线辐射贴片远离人体。当天线需要贴近人体位置时,进行完全相同的设置。图 5.15 给出了本次试验的测量结果,并将结果与之前的垂直方向进行对比。

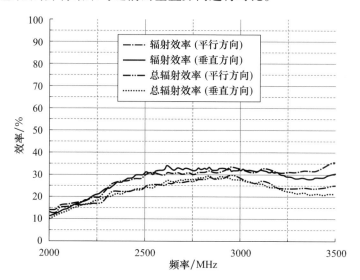

图 5.15 (见彩图)平行和垂直人体方向的天线测量结果

由图 5.15 可知,不管天线与人体的相对方向如何,得到的辐射效率和总辐射效率结果非常接近,最大差异约为 4%。结果表明,天线的放置方向并不重要(无论方向如何,结果都是一致的)。现在的问题是为什么会这样。

(1)一个影响因素是在视距环境中,天线的辐射方向图特性与天线在人体的配置方向有关,不同配置方向的测量结果不会达到如图 5.15 中的高一致性。如第 2 章所述,在非视距环境中,平面波到达角是均匀分布的,这意味着来自每个可能方向电磁波的概率都是相等的。因此,混响室环境会降低天线辐射方向图对与人体相对方向的依赖,文献[16]也提出了类似的观点。

(2)另一个影响因素是接地板的尺寸。如果存在较大尺寸的接地板,则不会有如此高的吻合度,会有较大的差异。较大尺寸的接地板会影响人体天线方向图特性。

图 5.15 中平行于人体放置时的测量结果是在不同的受试者身上测得的。因此,无论天线相对于人体的放置方向如何,在不同的受试者的贴近距离处测得的结果都是一致的且可重复的。由于垂直固定天线具有简便性,因此在近贴距离处测量时均垂直固定天线(图 5.11)。

试验中的反射系数都是在电波暗室测得的,为了数据的准确性,测试时需要对测量位置进行标记,以保证天线被放置在相同的位置。图 5.16 给出了铜织物天线在电波暗室中进行贴近人体反射系数测量的场景,图 5.17 给出了反射系数测试结果。

为了确保一致性,天线的固定方式与在混响室测量时完全相同,都是采用了尼龙搭扣带将天线固定在受试者胸前位置。

从图 5.17 可以看出,除了辐射效率有较大程度的下降之外,天线还有一定程度的失谐。在 2.45GHz 时,在受试者胸部测得的失配效率为 78%,而在自由空间时为 91%。

图 5.16 铜织物天线在电波暗室中进行贴近人体反射系数测量的场景

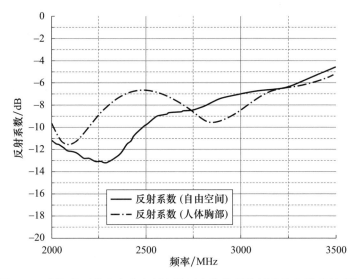

图 5.17 铜织物天线在自由空间和贴近人体胸部位置处的实测反射系数

对导电率较低的材料织物天线(ShieldIt™导电织物)的性能进行测试,并将其与导电率较高的铜织物天线进行比较,研究材料导电率对天线性能的影响。图5.18和图5.19分别给出了ShieldIt™导电织物天线在贴近人体胸部位置处的辐射效率和反射系数。

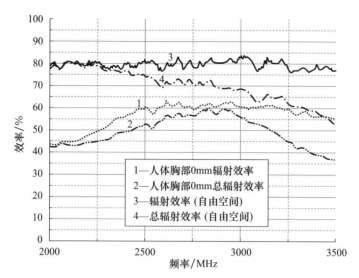

图5.18 ShieldIt™导电织物天线在自由空间和贴近人体胸部位置处的辐射效率

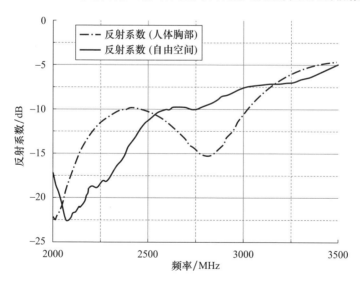

图5.19 ShieldIt™导电织物天线在自由空间和贴近人体胸部位置处的实测反射系数

若将图5.12、图5.13与图5.18进行比较,可以发现在自由空间条件下,ShieldIt™导电织物天线的损耗比导电率更高的铜织物天线的损耗更高,这是符合预期的。但导电率较低(在自由空间损耗更高)的 ShieldIt™ 导电织物天线比其铜织物天线的辐射效率要高得多。两种织物天线辐射效率性能之间的差异(贴近受试者胸部位置处距离为 0mm 高达 30%，总辐射效率高达 25%。因此，在评估天线贴近人体放置时的辐射效率下降问题时，ShieldIt™ 导电材料具有更优越的性能。

从图 5.19 中可以看出，虽然也存在失谐现象，但其严重程度低于导电率较高的铜织物天线。比较两根织物天线在贴近受试者胸部位置处的失配效率，ShieldIt™ 导电织物天线的失配效率为 90%，而铜织物天线的失配效率为 78%。在中心频率处，ShieldIt™ 导电织物天线匹配良好。

结果表明，由于辐射效率和失谐性能的降低较小，因此导电率较低的材料是更适合制作佩戴于人体上的织物天线。

5.6.2 肘部弯曲位置研究

研究天线在弯曲状态下的辐射性能，摸清天线由于人体动作而受力产生弯曲时，对天线的性能的影响。

天线放置在受试者的肘部。选择肘部而不是膝盖位置，是因为天线不能太靠近金属边界(地板)，以便实现混响室内电磁场的均匀性，如第 2 章所述。

测试过程中天线用尼龙搭扣扎带固定，以保证天线元件即便弯曲也要处于固定状态。弯曲半径(从肘部中心到肘部边缘的距离)为 55 mm。使用铜织物天线进行测试，位于距混响室地板 1.2m 处。

用绑在手臂和肩膀上的尼龙搭扣扎带将受试者的手臂固定，防止不必要的动作。测试场景如图 5.20 所示，天线的辐射效率、总辐射效率和反射系数如图 5.21 所示。

图 5.20 天线佩戴在弯曲肘部处的试验场景

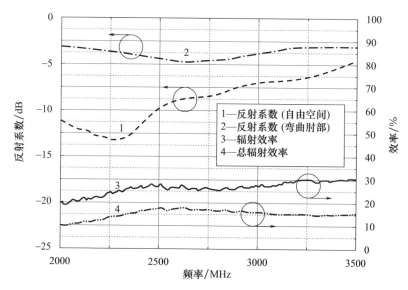

图 5.21　铜织物天线佩戴于弯曲肘部处的反射系数和辐射效率

将天线弯曲状态下的测量结果与图 5.12 中贴近受试者胸部的测量结果进行对比发现,在 2GHz 频率处,弯曲状态下天线的辐射效率会更高一些,这是因为此时天线附近人体器官较少。在整个中高频带内,辐射效率结果是一致的。

此时,对天线总辐射效率的影响较大,反射系数严重失谐,导致比贴近受试者胸部位置处低 12%~15%。天线在弯曲状态下的失配效率为 62%,贴近人体胸部时的失配效率为 78%,而在自由空间中为 91%。

需要注意的是,在整个测试过程中,被测天线在相当长的一段时间内持续受力,这比在真实佩戴场景中的受力更大。在真实应用场景中,若天线佩戴于身体容易弯曲的位置,则天线会严重失谐,对通信线路造成影响。由本次试验可知,天线在弯曲受力状态下其性能会受到较大影响,根据图 5.21 所示结果,当佩戴天线时,应尽可能避免天线弯曲受力。

5.6.3　贴近人体背部位置

研究天线安装在不同的身体部位时的性能差异。不同身体部位的差异不一定是由混响室内不同位置的模式特征所导致的,而是由天线在不同人体位置处的耦合差异造成的。

将天线固定在受试者背部,使其远离人体的主要器官,而且不会有严重的弯曲。混响室内的测量场景如图 5.22 所示,铜织物天线固定在人体背部时的反射系数和辐射效率如图 5.23 所示,ShieldIt™ 导电织物天线的测试结果如图 5.24 所示,采用与前面试验完全相同的测试流程。

图 5.22 天线固定在人体背部时的混响室内的测量场景

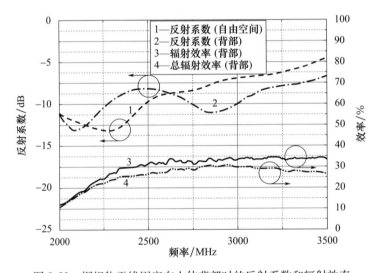

图 5.23 铜织物天线固定在人体背部时的反射系数和辐射效率

通过比较固定在人体背部和胸部处的铜织物天线辐射效率发现,测试结果是一致的,区别是在测量频带的末端安装在背部的天线效率增加了 5%。两种测试场景的总辐射效率值大体相等,固定在人体背部的天线总辐射效率高了几个百分点。

在该人体部位,天线也有明显的频率失谐现象。在中心频率下,背部的失配效率为 85%,而胸部的失配效率为 78%,在自由空间条件下测得的失配效率为 91%。由此可知失配效率在人体的不同部位没有明显的差异。

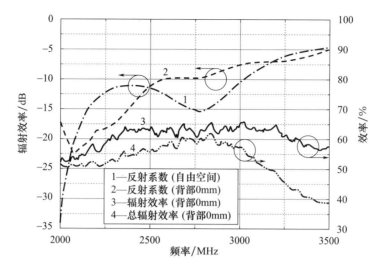

图5.24 ShieldIt™导电织物天线固定在人体背部时的反射系数和辐射效率

ShieldIt™导电织物天线固定在人体背部时,与导电率较高的铜基材料相比,ShieldIt™导电织物材料在人体上的性能更优越。天线固定在人体背部时天线的辐射效率和总辐射效率测试结果与固定在胸部时的测试结果是一致的。

比较天线固定在人体胸部处和自由空间中的反射系数,天线固定在人体胸部位置时没有明显的负失谐。

图5.24中的结果支持了图5.18中测得的结果,可以排除测量错误的可能。无论将天线佩戴在人体哪个部位,在辐射效率和反射系数性能方面,材料损耗更高的天线优于材料导电率较高的天线。

5.6.4 天线佩戴于胸部20mm处

先前的研究得到了以下结论。

(1)当天线佩戴在人体上时,在自由空间中损耗更高的天线性能明显优于导电率更高的天线;

(2)在混响室环境中测得的佩戴在不同人体部位的天线辐射效率的偏差很小;

(3)天线的总辐射效率依赖天线和人体反射系数,因此当天线佩戴在不同的人体部位时,总辐射效率会发生变化。

现在研究着眼于评估天线和人体之间不同间距对天线性能的影响,研究天线和人体间的距离变化对天线的辐射效率和总辐射效率的影响。

本次研究的理论基础是天线和受试者之间的耦合度会随着距离的增加而降低。请注意,如果天线和人体的距离足够近,则天线将与人体产生较强的耦合现象,从而造成损耗(有时会很严重)。

选择20mm的贴近距离是为了完成从预期的强耦合(非常靠近人体)到低耦合(稍微远离人体)的"包络",在实际应用中会选择一个合适的距离。对于需要在大衣上安装天线的从业者来说,距离身体20mm距离在实际应用中是可以实现的。在本次研究中,天线放置在离混响室地板1.38m的位置,且位于受试者的胸部。为了保持与人体20mm的距离,用一个夹角呈90°的肘形连接器固定天线。图5.25给出了本次研究的测试场景。

图5.25 天线距离人体胸部20mm处的测试场景

从图5.25可以看出,利用肘形连接器固定天线,天线的方向与身体平行。用尼龙搭扣扎带将天线电缆固定在受试者身上,防止天线不稳定,测量流程与前文一致。

图5.26给出了铜织物天线在该测试场景下的辐射效率和反射系数。比较图5.12、图5.23和图5.26,即将天线固定于胸部、背部和距离胸部20mm处,可以清楚地看到无论是辐射效率还是总辐射效率,都是在位于人体胸部20mm处时较高,辐射效率提高了20%~30%,总辐射效率提高了15%~19%。此外,图5.26中的辐射效率也随着频率的增加而升高,同样可以用耦合理论解释这一趋势。

随着天线与受试者之间距离的增加,天线上的负载效应随之降低了,可以看到图5.27中的反射系数没有明显的负失谐。ShieldIt™导电织物天线在距离人体胸部20mm处的性能如图5.27所示。

比较图5.18、图5.24和图5.27,即将天线固定于胸部、背部和距离胸部20mm处,可以明显地看出,天线远离人体可以减轻对人体的伤害。这是由于随着两个元件之间电学距离的增加,天线和人体之间的耦合度随之降低。此外,评估天线距离人体20mm处的辐射效率,还可以看出测量频率范围的末端天线与人体的耦合程度已经很低,天线的辐射效率接近自由空间中的辐射效率。

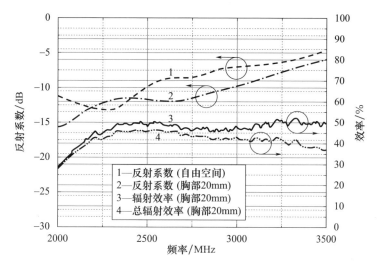

图5.26　铜织物天线距离人体胸部20mm处的反射系数和辐射效率

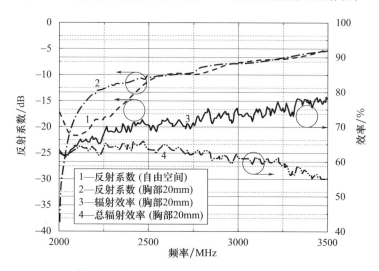

图5.27　ShieldIt™导电织物天线距离人体胸部20mm处的反射系数和辐射效率

当天线在多频带工作时,随着频率的升高这种现象更明显。由于天线和人体耦合降低,在较高频带辐射效率降低幅度较小,当天线距离身体20mm时此现象更明显。

观察天线的实测反射系数,当天线固定在距离人体20mm处时不存在负失谐,此时天线性能接近自由空间中的性能,说明将某种天线放置在靠近人体的位置时,其性能只会有小幅度的降低。

5.7 理论和仿真试验

根据 5.6 节得出的结论,可以清楚地看到天线在人体不同位置和近贴距离时,在辐射效率和失谐水平方面,由较低电导率、较厚织物材料(ShieldIt)制成的天线优于较薄、较高电导率的铜织物天线。这一结论与自由空间中的辐射效率形成鲜明对比,且与预期相反。

问题:为什么会这样?

根据文献[17],当天线放置在人体附近时,会导致带小接地板天线的近场与人体相互作用,从而引起损耗。这两种天线辐射效率有差异是由于较低电导率(较厚)的织物材料导致人体附近电场降低,该天线在相同的输入功率下损耗更大。与较高电导率的铜织物天线相比,有降低人体损耗的效果[19]。

采用 CST 中的电磁求解器对两个模型进行仿真求解。将天线模型安装在距仿真肌肉结构 1.5mm 处,以模拟受试者的羊毛套衫。当仿真肌肉的材料参数为 2.45GHz 时,$\sigma = 1.773$S/m 和 $\varepsilon_r = 52.668$[20]。图 5.28 给出了这两种天线模型的辐射功率和辐射效率,可以清楚地看到,铜织物天线的辐射功率比 ShieldIt^{TM} 导电织物天线要低。加上损耗结构后,辐射效率也同样较低。图 5.29 给出了仿真肌肉结构内部 10mm 处的电场强度,两种天线模型的差异支持了提出的结论。

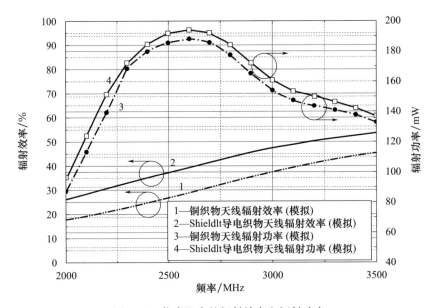

图 5.28 仿真肌肉的辐射效率和辐射功率

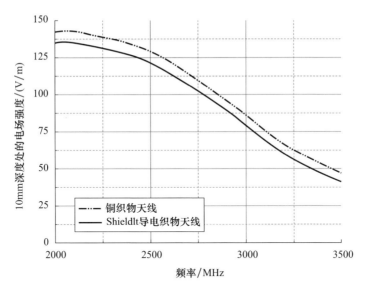

图 5.29 仿真肌肉结构内部 10mm 深度处的电场强度

5.8 测量不确定度

文献[21]指出在混响室中空间天线(OTA)测量中,直接耦合是产生不确定度的主要来源。因此,混响室中的直接耦合(莱斯 K 因子)应尽可能小。文献[21]中平均功率传递函数的总标准偏差由非视距条件下的独立样本数量 σ_{NLOS}、视距条件下的独立样本数量 σ_{LOS} 和莱斯 K 因子组成:

$$\sigma = \sqrt{\frac{(\sigma_{NLOS})^2 + (K_{av})^2 (\sigma_{LOS})^2}{\sqrt{1 + (K_{av})^2}}} \tag{5.9}$$

式中:K_{av} 为平均莱斯 K 因子,包括整个测量过程中不同搅拌器位置的样本,如表 5.1 所列。

σ 转化为分贝[22]:

$$\sigma_{dB} = \frac{10\{\lg(1+\sigma) - \lg(1-\sigma)\}}{2} = 5\lg\left(\frac{(1+\sigma)}{(1-\sigma)}\right) \tag{5.10}$$

为了计算非视距条件下的独立样本数量,文献[23]定义了自相关函数,测试过程中每个频率点下有 710 个样本量,采用文献[24]中的计算方法,得到置信区间为 99% 的自相关临界值。该试验并未使用 $1/e = 0.37$ 的标准。附录 A 详细给出了如何计算非视距条件下的独立样本数量。

可通过式(5.11)计算视距条件下的独立样本数量[19]:

$$\sigma_{LOS} = N_{PL} \cdot N_{ANTENNA\_IND} \tag{5.11}$$

式中：N_{PL} 为位置搅拌数量，$N_{PL} = 5$；$N_{ANTENNA\_IND}$ 为独立发射天线位置数量，$N_{ANTENNA\_IND} = 1$。

计算标准偏差前，要对整个测试过程中的不同人体位置的所有测量数据进行统计。在不同的人体位置处测试数据的差异会导致不确定度的提高。图 5.30 给出了单频织物天线在不同人体位置处测得的莱斯 K 因子，还提供了自由空间中（无受试者参与）的测量结果，通过对比可得到人体对混响室的加载效应。

图 5.30 表明，在自由空间中（无受试者参与），直接功率的比例明显增加，但增加的幅度并不大，不足以使测量不确定度显著增加。

图 5.30 也证明了从一个身体位置到另一个身体位置，混响室内的统计环境是一致的，没有出现较大的波动。这意味着无论天线佩戴在人体的哪个位置，都可以达到较低的不确定度。对于不同受试者，图 5.31 给出了不同人体对直接功率比例的影响。两名男性和一名女性受试者身高均为 1.74～1.80m，体重为 70.5～81.3kg，每个受试者穿着不同的服装。图 5.31 表明混响室中的测试结果与受试者无关。无论何人作为受试者，混响室都能提供一个性能稳定的测试平台。

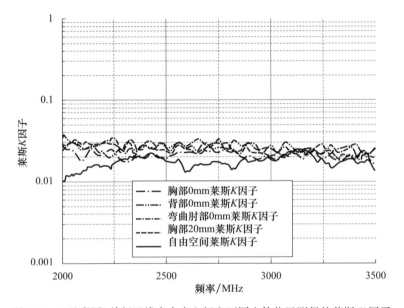

图 5.30　（见彩图）单频天线在自由空间和不同人体位置测得的莱斯 K 因子

现在可以给出最终的标准偏差。图 5.32 给出了用线性和分贝刻度表示的单频带天线的标准偏差（随不同人体位置而变化）。可以看出总不确定度很低（所有不同测试位置的不确定度为 0.22dB）。不管选择哪个人体位置，不确定度也是很接近的，这说明在测量中天线的佩戴位置或轻微的动作都不会影响测量的重复性和准确性。

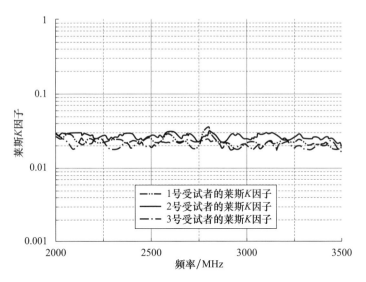

图 5.31 （见彩图）不同受试者的莱斯 K 因子

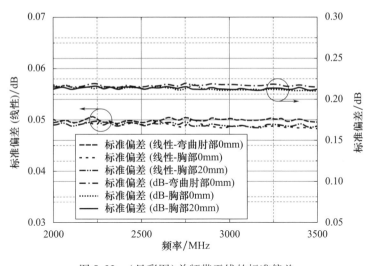

图 5.32 （见彩图）单频带天线的标准偏差

注意,图 5.32 中的标度不代表从线性到分贝的直接转换,反之亦然。图形已按比例缩放,以便两个信息都能清晰可见。

5.9 小结

本章介绍了如何使用混响室进行单端口天线辐射效率的测量。使用织物天线在受试者身上进行的效率测量重复性接近 2%,这说明细微的动作不会造成测量结果的严重偏差。带有小接地板的织物天线与人体间耦合损耗的高低随天线材料而变化。具有相同拓扑结构的天线,当佩戴在人体上时,具有较低电导率、较高损耗的织物天线的性能要优于在自由空间中辐射效率更高、具有较高电导率、较薄的铜基织物天线。这是由于较低的电导率材料制作而成的天线在体内产生较低的电场,在相同的输入功率下,天线本身会损失更多的功率。这会对小型天线材料的选择产生较大影响。在这个意义上,当天线需要靠近人体位置工作时,较高电导率的材料并不总是最佳选择。

试验证明,通过改变天线与人体之间的距离可以减小辐射效率的损失。对于 ShieldIt^{TM} 导电织物天线,当与人体的距离为 20mm 时辐射效率的损失最多可消除 22%,而在较高频率下已经接近自由空间中的辐射效率。

相关试验结果表明,天线弯曲会造成严重的性能降级,失谐会非常严重,因此应尽量避免可佩戴天线出现弯曲现象。

综上所述,织物天线是性能非常好的可佩戴天线候选结构,在混响室中进行的性能测试均得到了准确且重复性强的结果。这说明了混响室在天线效率的测量中能够提供稳定的测量环境,而且测量结果与天线的佩戴位置和受试者无关。这证明了混响室在天线性能测试领域的适用性。

参考文献

[1] P. Salonen, L. Sydanheimo, M. Keskilammi and M. Kivikoski, 'A small planar inverted – F antenna for wearable applications', *The Third International Symposium on in Wearable Computers*, 1999. *Digest of Papers*, IEEE, 18 – 19 October 1999, Francisco, CA, pp. 95 – 100.

[2] P. Salonen, M. Keskilammi, J. Rantanen and L. Sydanheimo, 'A novel Bluetooth antenna on flexible substrate for smart clothing', 2001 *IEEE International Conference on Systems, Man, and Cybernetics*, vol. 2, IEEE, 2001, pp. 789 – 794.

[3] P. J. Soh, G. A. E. Vandenbosch, S. L. Ooi and M. R. N. Husna, 'Wearable dual – band Sierpinski fractal PIFA using conductive fabric', *Electronics Letters*, vol. 47, p. 365, 2011.

[4] P. J. Soh, G. A. E. Vandenbosch, O. Soo Liam and N. H. M. Rais, 'Design of a broadband all – textile slotted PIFA', *IEEE Transactions on Antennas and Propagation*, vol. 60, pp. 379 – 384, 2012.

[5] M. Klemm and G. Troester, 'Textile UWB antennas for wireless body area networks', *IEEE Transactions on Antennas and Propagation*, vol. 54, pp. 3192 – 3197, 2006.

[6] W. Zheyu, Z. Lanlin, D. Psychoudakis and J. L. Volakis, 'GSM and Wi – Fi textile antenna for high data rate communications', 2012 *IEEE in Antennas and Propagation Society International Symposium* (*APSURSI*), July 2012, Chicago, IL, pp. 1 – 2.

[7] J. Lilja, P. Salonen, T. Kaija and P. De Maagt, 'Design and manufacturing of robust textile anten-

nas for harsh environments', *IEEE Transactions on Antennas and Propagation*, vol. 60, pp. 4130 – 4140, 2012.

[8] M. Hirvonen, C. Bohme, D. Severac and M. Maman, 'On – body propagation performance with textile antennas at 867 MHz', *IEEE Transactions on Antennas and Propagation*, vol. 61, pp. 2195 – 2199, 2013.

[9] Q. Bai and R. J. Langley, 'Effect of bending and crumpling on textile antennas', 2009 *2nd IET Seminar on in Antennas and Propagation for Body – Centric Wireless Communications*, 20 April 2009, London, pp. 1 – 4.

[10] Z. H. Hu, Y. I. Nechayev, P. S. Hall, C. C. Constantinou and H. Yang, 'Measurements and statistical analysis of on – body channel Fading at 2.45 GHz', *IEEE Antennas and Wireless Propagation Letters*, vol. 6, pp. 612 – 615, 2007.

[11] D. B. Smith, L. W. Hanlen, J. Zhang, D. Miniutti, D. Rodda and B. Gilbert, 'First – and second – order statistical characterizations of the dynamic body area propagation channel of various bandwidths', *Annals of Telecommunications*, vol. 66, pp. 187 – 203, 2010.

[12] K. Minseok and J. I. Takada, 'Statistical model for 4.5 GHz narrowband on – body propagation channel with specific actions', *IEEE Antennas and Wireless Propagation Letters*, vol. 8, pp. 1250 – 1254, 2009.

[13] G. A. Conway, W. G. Scanlon, C. Orlenius and C. Walker, 'In situ measurement of UHF wearable antenna radiation efficiency using a reverberation chamber', *IEEE Antennas and Wireless Propagation Letters*, vol. 7, pp. 271 – 274, 2008.

[14] 'IEEE Standard Definitions of Terms for Antennas', *IEEE Std* 145 – 1993, p. i, 1993.

[15] X. Chen, P. S. Kildal, 'Accuracy of antenna input reflection coefficient and mismatch factor measured in reverberation chamber', *Third European Conference on Antennas and Propagation*, 2009. EuCAP 2009, 23 – 27 March 2009, Berlin, pp. 2678 – 2681.

[16] W. G. Scanlon and N. E. Evans, 'Numerical analysis of bodyworn UHF antenna systems', *Electronics & Communication Engineering Journal*, vol. 13, pp. 53 – 64, 2001.

[17] P. S. Hall, H. Yang, Y. I. Nechayev, A. Alomalny, C. C. Constantinou, C. Parini, M. Kamarudin, T. Salim, D. Hee, R. Dubrovka, A. Owadally, W. Song, A. Serra, P. Nepa, M. Gallo, M. Bozzetti, 'Antennas and propagation for on – body communication systems', *IEEE Antennas and Propagation Magazine*, vol. 49, pp. 41 – 58, 2007.

[18] Y. Lu, Y. Huang, H. T. Chattha, Y. C. Shen and S. J. Boyes, 'An elliptical UWB monopole antenna with reduced ground plane effects', 2010 *International Workshop on Antenna Technology* (iWAT), IEEE, 1 – 3 March 2010, Lisbon, pp. 1 – 4.

[19] S. J. Boyes, P. J. Soh, Y. Huang, G. A. E. Vandenbosch and N. Khiabani, 'Measurement and performance of textile antenna efficiency on a human body in a reverberation chamber', *IEEE Transactions on Antennas and Propagation*, vol. 61, no. 2, 871 – 881, 2012.

[20] P. S. Hall and Y. Hao, *Antennas and Propagation for Body – centric Wireless Communications*, 2nd ed. ; Boston, MA : Artech House, 2012.

[21] P. S. Kildal, S. H. Lai and X. M. Chen, 'Direct coupling as a residual error contribution during OTA measurements of wireless devices in reverberation chamber', 2009 *IEEE Antennas and*

Propagation Society International Symposium and Usnc/Ursi National Radio Science Meeting, vols 1 – 6, IEEE, June 2009, pp. 1428 – 1431.

[22] P. S. Kildal, X. Chen, C. Orlenius, M. Franzen and C. S. L. Patane, 'Characterization of reverberationchambers for OTA measurements of wireless devices: Physical formulations of channel matrix and new uncertainty formula', *IEEE Transactions on Antennas and Propagation*, vol. 60, pp. 3875 – 3891, 2012.

[23] BS EN 61000 – 4 – 21: 2011 'Electromagnetic compatibility (EMC): Testing and measurement techniques. Reverberation chamber test methods', ed., 2011.

[24] H. G. Krauthauser, T. Winzerling, J. Nitsch, N. Eulig and A. Enders, 'Statistical interpretation of autocorrelation coefficients for fields in mode – stiffed chambers', *EMC 2005: IEEE International Symposium on Electromagnetic Compatibility*, vols 1 – 3, pp. 550 – 555, 2005.

第6章
多端口天线和阵列天线

本章首先介绍了如何使用混响室进行多端口天线性能测试。测试方法分为多输入多输出(multiple input multiple output,MIMO)应用的多端口天线和传统的阵列型天线。其次介绍了分集增益、嵌入式元件效率和信道容量的概念,且给出用于测量传统阵列天线辐射效率的方法。最后在整个过程中,详细给出测量流程和结果,以及在实际测量过程中需要注意的问题。

6.1 概述

许多不同的参数都可以表征天线阵列的性能。以往天线阵列的性能都是在电波暗室、自由空间中进行测试的。但近年来,混响室已经成为多端口天线参数测量的平台之一[1-2]。在公开文献中,混响室测量已经考虑了"嵌入式阵元"技术,即一个阵元被激励,其他阵元均端接阻抗匹配负载。

对于 MIMO 天线性能表征,要依次对天线每个阵元进行表征,因此需要采用嵌入式阵元技术。MIMO 天线具有多种收发方式,也就是说天线上不同的端口能够接收不同的信号,这意味着不同端口上的信号彼此不相关。只有在由多个发射机和接收机组成的系统中,MIMO 天线才能提供高数据速率或高容量;以及合并不同的信号时,才能够抵抗由多径传播环境造成的信号衰落[3-4]。

天线分集可以通过多种方式实现。天线设计者通常根据环境和预期的干扰选择合适的分集方案。最常见的分集技术包括空间、极化和方向分集。空间分集是多个性能相同的天线彼此间隔一定的空间,根据环境的不同,相隔半波长距离即可[2]。

在小型设备(如移动电话和笔记本电脑)上设计多个天线时,由于空间有限,空间分集就变得不切实际。密集分布的多个馈源会产生高度互耦合和高相关性,因此需要其他分集技术。

对于非 MIMO 应用的多端口阵列天线,在实际应用中通常处于有源的"全激发"状态,由单独的激励源[5]激发整个天线阵列。但这种有源激发的性质很难分析,且会影响矢量网络分析仪在混响室测量中的便利性。从测量的角度来看,可以通过"无源"的方法进行多端口阵列分析。也就是说,单个激励源通过功率分配器激励所有阵列单元[5]。这将保留矢量网络分析仪的便利性,且能够满足阵列天线"全激发"的性能要求。该方法的另一个好处是可以进行整个阵列的辐射效率测量。天线阵列的辐射效率容易受到阵元间互耦的影响,在混响室中可以通过类似于单端口天线的方式进行处理,可以简化测量步骤,还可以缩短总测量时间。但是,功率分配器会带来额外的功率损耗,准确地评估天线阵列的性能,就需要消除功率分匹配器带来的损耗。本章提出了一种补偿功率分匹配器损耗的单端口辐射效率测试方法,实现了"去嵌入"的目标。

6.2 多输入多输出应用的多端口天线

本章不介绍 MIMO 应用的多端口天线设计的具体细节,而是研究如何在混响室中对多端口天线阵列的性能进行测试,因此本章仅对 MIMO 应用的多端口天线做简要介绍。

待测天线为具有两个馈源的多端口天线,该天线是基于平面倒"F"拓扑结构(planar inverted F - shaped antenna,PIFA),称为单元件双馈源 PIFA。该天线是利物浦大学于2010年研发的[6],是基于流行的 PIFA 拓扑结构,制作的一种小型 MIMO 分集天线,可以方便地应用于手持设备中。

该天线有两种结构:一种是馈源平行排列(同极化馈源);另一种是馈源垂直排列(交叉极化馈源)。该天线铜制辐射顶板尺寸为宽度 40mm、长度 20mm,接地板尺寸为宽度 40mm、长度 100mm,矩形接地板和馈源之间使用的介质材料为 FR4、厚度为 1.5mm、相对介电常数 $\varepsilon_r = 4.4$,辐射顶板距基板的高度为 10mm。图 6.1 和图 6.2 给出了两种天线的拓扑结构。

图 6.1 同极化双馈源 PIFA

图 6.2 交叉极化双馈源 PIFA

该天线是作为 2.45GHz 蓝牙/WLAN 中的分集多端口天线使用的,图 6.1 和图 6.2 中两个馈源之间的电学间隔为 0.17λ。

用馈源之间接地板的蚀刻实现两个近距离馈源的隔离,阻止两个馈源之间反谐振 LC 电路中的电流流动,增加隔离度,如图 6.3 所示,其近似等效电路和电流分布见文献[7]。

图 6.3 为两个馈源之间提供隔离的蚀刻技术

公开文献中还有其他例子可以实现近距离馈源的隔离。例如,在 PIFA 馈电点或短路点之间插入一条悬线[8],或使用解耦网络[9-10]。

这项工作的独特性和新颖性是,将同极化馈源天线配置为方向分集,将交叉极化馈源天线配置为方向和极化分集,而不是空间分集。下面对分集技术进行了简要总结。

方向分集或角度分集是针对多端口天线的,天线被配置为向不同方向发射波束。由于多径传播环境导致不同方向的散射信号变为不相关的[11],因此这种技术能够提供分集性。

极化分集将天线上的多个馈源配置为具有不同极化特性。由于利用场正交性使信号不相关[11],因此不同的(正交)极化可以最大限度地减少对空间的要求。也有其他分集方案,如频率分集和时间分集。关于分集方案的深入讨论见文献[11]。

图 6.4 和图 6.5 分别给出了同极化和交叉极化双馈源 PIFA 的三维辐射方向图(分集)。可以看出,由于馈源 1 主要使用顶板作为辐射单元,而馈源 2 使用顶板和接地板作为辐射单元,因此实现了方向分集[5]。

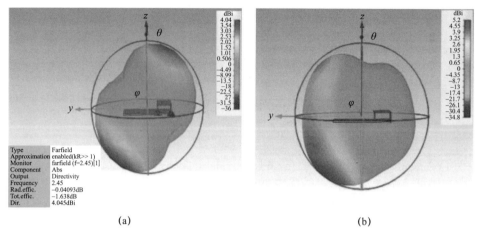

图 6.4　(见彩图)同极化双馈源 PIFA 的三维辐射方向图
(a)馈源 1;(b)馈源 2。

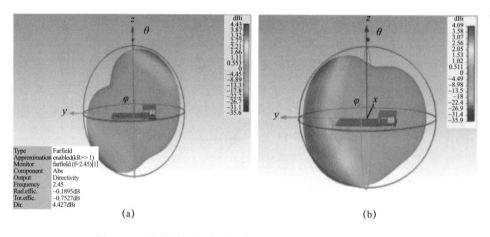

图 6.5　(见彩图)交叉极化双馈源 PIFA 的三维辐射方向图
(a)馈源 1;(b)馈源 2。

由图 6.4 和图 6.5 可知,两个馈源产生的三维辐射方向图是不同的,可通过不同的方向图实现分集。

6.3　测量参数性能指标

在测量参数方面,期望得到以下性能指标。
(1)分集增益;
(2)相关性分集;

(3)信道容量;

(4)嵌入式阵元效率。

使用混响室获得分集增益、相关性分集和信道容量,试验中相关参数由表6.1给出。使用电波暗室获得嵌入式阵元效率,将在6.7节中单独讨论。

在表6.1中,搅拌设置是为了获得足够的不相关数据,从而准确地对天线性能进行分析。选择的频点数量,能够在整个测量范围内激发足够数量的模式,如第2章所述。

表6.1中的最后一行,要求未参与测试的MIMO天线端口要端接50Ω的匹配负载,这是为了使MIMO天线始终处于平衡状态,防止其在开路状态下产生失配,造成测量误差增大[12]。在多端口天线的测量过程中,应始终遵循这一点。

表6.1 MIMO天线试验测量参数说明

参　数	说　明
频率	2000～3000MHz
搅拌设置	机械搅拌,步进角度为1° 极化搅拌 带宽为12.5MHz的频率搅拌
频点数量	801
电源功率	-7dBm
参考天线	Satimo SH 2000
发射天线	Rohde & Schwarz HF 906
其他	未参与测量的MIMO天线端口要端接50Ω匹配负载 将未参与测量的其他天线(例如参考天线)置于混响室内并端接50Ω匹配负载

如前所述,测试过程中需将所有可能参与测试的天线均放置于混响室内,这是为了确保从参考天线测量到MIMO天线测量的整个过程中,混响室品质因数恒定,进而确保测量精度。在天线性能测量过程中,应始终遵循这一点。

6.4 累积分布函数的分集增益

简单来说,分集增益可以表示为在给定(通常为1%)累积概率水平下,分集合并器输出端信号的信噪比相对于分集天线输入端的提高[13]。更精确的定义见文献[14],其他类型的分集增益如下。

1. 视在分集增益

视在分集增益是指在给定的累积概率水平下,合并信号的累积分布函数与天线端口处的平均电平最高的信号累积分布函数之间的功率电平(分贝刻度)的差值。

2. 有效分集增益

有效分集增益是指在给定的累积概率水平下,合并信号的累积分布函数与理想的单个天线端口处信号的累积分布函数(在相同环境下测量时,相当于100%辐射效率)之间的功率电平(分贝刻度)的差值。

3. 实际分集增益

实际分集增益是指在给定的累积概率水平下,合并信号的累积分布函数与实际单个天线端口处的累积分布函数(在相同位置和环境中测量时,该天线将被分集天线取代)之间的功率电平(分贝)的差值。

本章参考视在分集增益定义进行理论推导。关于分集合并技术,目前已经有多种不同的方案处理单独的天线阵元的理想不相关衰落信号。

这项工作从信号处理和硬件需求的角度来看,采用选择式合并技术是目前所有技术中的最简单的方法[14]。本章简要介绍选择式合并技术,以及其他现有技术。有关合并技术基本原理的进一步深入分析,见文献[11]。图6.6给出了选择式合并原理框图。

如图6.6所示,以较高信噪比信号克服多径衰落为例。如果一根天线接收到的信号产生了衰落,则其他天线都应自动接收剩余信号中功率较高的信号(前提是它们充分不相关),从而实现接收功率最大的信号。

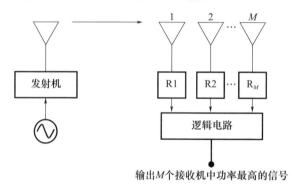

图6.6　选择式合并原理框图

其他合并技术有最大比值合并(maxmal ratio combining, MRC)和等增益合并(equal gain combining, EGC)。

参考Jakes的研究[11],最大比值合并要求M个信号根据其电压与噪声功率比进行呈比例的加权,再进行求和。与选择式合并不同,在合并之前,M个信号必须是同相的[11]。

然而可变加权并不总是有效的,还可以进行等增益合并,将所有"增益"设置为同一个常数,并将合并后的输出信号作为所有支路(输入合并器)的总和[11]。

使用混响室可以测量两个累积分布函数的分集增益和两个或多个天线馈源实测数据的相关性。本节首先计算两个累积分布函数的分集增益。

本次测量的目的是"校准"混响室中的衰减因子,这与之前的校准步骤类似,用下式建立参考天线测量的传递函数:

$$\mathrm{TF}_{\mathrm{REF}} = \frac{\langle |S_{21\mathrm{REF}}|^2 \rangle}{(1-(|S_{11\mathrm{TX}}|)^2)(1-(|S_{22\mathrm{REF}}|)^2)} \quad (6.1)$$

式中:$|S_{11\mathrm{TX}}|$为发射天线的反射系数;$|S_{22\mathrm{REF}}|$为参考天线的反射系数。与前面的章节类似,反射系数是在电波暗室中测得的,并不是系综平均值。

式(6.1)中的参考传递函数应根据参考天线辐射效率 η_{REF} 进行修正:

$$P_{\mathrm{REF}} = \frac{\mathrm{TF}_{\mathrm{REF}}}{\eta_{\mathrm{REF}}} \quad (6.2)$$

然后,将参考天线替换为待测 MIMO 天线。

依次测量发射天线与待测天线的两个馈源之间的传输系数,确保未参与测量的馈源端接匹配负载(在本例中为50Ω),得到信道样本矩阵 $S_{1\times2}$,包括一个发射信道和两个接收信道(单输入多输出(SIMO))随频率和搅拌参数的变化情况。如果混响室内有多个发射天线,则依次对每个信道重复本测量过程。还需根据参考功率电平的平方根对信道样本进行归一化处理,这是因为实测信道样本矩阵 $S_{1\times2}$ 会随电压而变化(实测 S 参数),且归一化考虑了混响室内的路径损耗,该损耗由传递函数和参考天线的辐射效率决定。可以通过文献[15]得到归一化信道矩阵:

$$\boldsymbol{H}_{1\times2} = \frac{\boldsymbol{S}_{1\times2}}{\sqrt{P_{\mathrm{REF}}}} \quad (6.3)$$

得到信道矩阵后可通过式(6.4)和式(6.5)计算累积概率函数,并根据式(6.6)~式(6.8)计算相对接收功率。

对于累积概率函数,计算每个相应信道的总和:

$$\mathrm{sum}\_i = \sum_{n=1}^{N} \boldsymbol{H}_{1\times i} \quad (6.4)$$

式中:$i=1,2$;$N=718$。

下面推导累积概率函数:

$$\mathrm{Cumprob}\_i = \frac{\mathrm{Cumsum}\_i}{\mathrm{sum}\_i} \quad (6.5)$$

式中:Cumsum 为累计和。

对于相对接收功率,首先计算每个相应支路的信道矩阵(电压)值的平方:

$$\boldsymbol{H}_{\mathrm{sq}}\_i = (\boldsymbol{H}_{1\times i})^2 \quad (6.6)$$

根据式(6.7)得到时间平均值:

$$T_{\mathrm{AV}}\_i = \frac{1}{N}\sum_{n=1}^{N} \boldsymbol{H}_{\mathrm{sq}}\_i \quad (6.7)$$

将每个功率样本归一化为时间平均值,并转换为分贝刻度:

$$P_i(\mathrm{dB}) = 10\lg\left(\frac{\boldsymbol{H}_{\mathrm{sq}}\_i}{T_{\mathrm{AV}}\_i}\right) \quad (6.8)$$

此时需要用时间平均值测量样本在信道中会受到衰落因子的影响(在非视距瑞利环境中测得的幅值);还需要将样本在信道中的统计分布上取平均值。

为了计算累积概率函数的合并电平,利用式(6.3)对信道样本进行归一化处理。例如,对于选择式合并技术,比较信道样本的大小,选择其中的最大值组成新的数值序列。然后,按照式(6.6)~式(6.8)将新的数值序列与信道样本(MIMO天线测得的)一起处理。

式(6.3)对信道样本进行归一化处理取决于不同的分集合并技术,确定合并的累积概率函数电平,可以比较视在分集增益的大小。图6.7和图6.8分别给出了同极化PIFA和交叉极化PIFA的累积概率函数分集增益。

由图6.7可以看出,同极化设计具有较高的视在分集增益。在1%累积概率水平(信道2),支路的最大功率为-22.104dB,选择式合并的功率为-12.66dB,视在分集增益水平为9.44dB。

由图6.8可以看出,交叉极化设计也可获得较高的视在分集增益。在1%累积概率水平(信道1)下,支路的最大功率为-21.086dB,选择式合并的功率为-10.991dB。分集增益水平为10.095dB。此时非常接近理想双端口选择式合并的最大值10.2dB。

同极化和交叉极化设计的两个信道支路都服从理论瑞利分布的累积概率密度函数曲线,这表明样本具有瑞利分布特性。相对理论瑞利曲线会向左侧略有偏移,这是由于各个支路的效率均小于100%[2]。此处的理论瑞利曲线的效率为100%的理想无损天线的性能。

到目前为止,MIMO天线性能良好,且所采用的隔离技术可以消除天线在性能方面的降级。下一步继续验证天线的工作性能,并对实际分集增益水平进行测试。

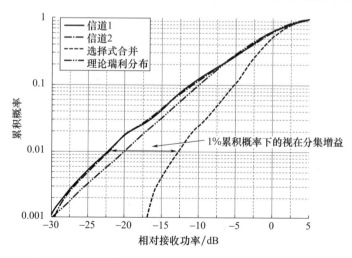

图6.7 (见彩图)同极化PIFA的累积概率函数分集增益

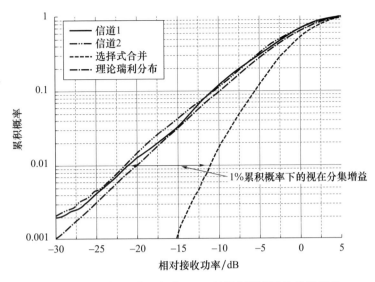

图 6.8 （见彩图）交叉极化 PIFA 的累积概率函数分集增益

6.5 相关性分集

尽管可以很容易地根据实测和仿真累积概率函数预测分集增益,但是由于在整个频率范围内的每个信道的实测样本都已用来计算累积概率函数,因此会导致一定程度的样本信息丢失。在很多应用场景中,需要了解分集增益是如何随频率变化的。为此,可以通过测量和计算两个天线馈源的实测样本之间的相关性（随频率而变化）,而获得分集增益。

可以利用在电波暗室中获得的嵌入式阵元辐射方向图计算复相关系数 ρ[14]：

$$\rho = \frac{\iint_{4\pi} G_1(\theta,\phi) \cdot G_2^*(\theta,\phi) d\Omega}{\iint_{4\pi} G_1(\theta,\phi) \cdot G_1^*(\theta,\phi) d\Omega \iint_{4\pi} G_2(\theta,\phi) \cdot G_2^*(\theta,\phi) d\Omega} \quad (6.9)$$

式中：$G_1(\theta,\phi)$ 和 $G_2(\theta,\phi)$ 分别为端口 1 和端口 2 的嵌入式远场方向图函数,为其他元件都端接阻抗匹配负载时的远场方向图函数；* 代表共轭复数。

同样,可以利用在天线端口处测量的 S 参数计算该复相关系数 ρ[14]：

$$\rho = \frac{S_{11}^* S_{12} + S_{21}^* S_{22}}{[1-(|S_{11}|^2+|S_{12}|^2)] \cdot [1-(|S_{21}|^2+|S_{22}|^2)]} \quad (6.10)$$

式中：复相关系数 ρ 的平方与包络相关。

式(6.10)仅用于计算无损天线,故此处不采用该式。使用 6.4 节中的测量数据,利用式(6.11)从实测电压样本矩阵 $S_{1\times2}$ 中求得两个天线馈源之间的相关性[16]：

$$\rho = \frac{S_{xy}}{S_x S_y} \tag{6.11}$$

式中:x 为馈源 1 获得的样本;y 为馈源 2 获得的样本。

S_{xy} 可定义为

$$S_{xy} = \frac{1}{N-1}\sum_{j=1}^{N}(x_j - \bar{x})(y_j - \bar{y}) \tag{6.12}$$

其中

$$\bar{x} = \frac{1}{N}\sum_{j=1}^{N}x_j, \bar{y} = \frac{1}{N}\sum_{j=1}^{N}y_j$$

$$S_x^2 = \frac{1}{N-1}\sum_{j=1}^{N}(x_j - \bar{x})^2 \tag{6.13}$$

$$S_y^2 = \frac{1}{N-1}\sum_{j=1}^{N}(y_j - \bar{y})^2 \tag{6.14}$$

图 6.9 和图 6.10 分别给出了同极化 PIFA 和交叉极化 PIFA 的实测和仿真相关系数(随频率而变化)。仿真值是利用 CST 计算文献[6]中的天线模型而得到的。相关系数(和随后的分集增益)是根据三维远场方向图(式(6.9))计算得到的,而不是利用仿真 S 参数(式(6.10))计算所得。

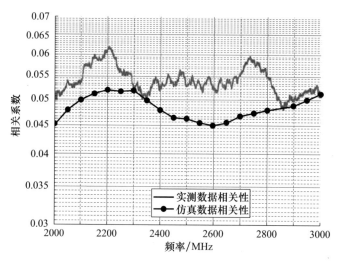

图 6.9 同极化 PIFA 的实测数据和仿真数据的相关系数

由图 6.9 和图 6.10 可以看出,从两个天线端口获得的样本数据的相关性都很低。说明同极化和交叉极化天线中的馈源都被良好地隔离。因此,从任意端口获得的样本值都不相关,与仿真结果的吻合度也很好,有 0.01 量级的差异。

由于天线端口之间的低相关性会导致高分集增益,因此图 6.9 和图 6.10 中较低的实测相关性也验证了由累计概率函数计算得到的分集增益结果。

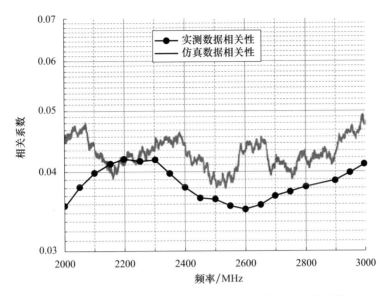

图 6.10 交叉极化 PIFA 的实测数据和仿真数据的相关系数

从数学上讲,复相关估计的分集增益为[1]

$$DG = 10\sqrt{1-|\rho|^2} \qquad (6.15)$$

式中:$\sqrt{1-|\rho|^2}$为相关系数的近似式,两个天线馈源之间的相关性增加,会导致分集增益降低。

假设两个端口采用选择式合并技术,可以将式(6.15)修改为[17]

$$DG = 10.48\sqrt{1-|\rho|^2} \qquad (6.16)$$

式中:10.48 由下式得出:

$$\left.\begin{array}{l}0.01 = 1 - e^{-SNR} \Rightarrow SNR = -\ln(0.99) = 0.01 = -20dB \\ 0.01 = 1 - (e^{-SNR})^2 \Rightarrow SNR = -\ln(1-\sqrt{0.01}) = 0.105 = -9.8dB\end{array}\right\}10.2dB = 10.48$$

(6.17)

图 6.11 和图 6.12 分别给出了同极化和交叉极化的实测和仿真分集增益,由式(6.16)根据相关系数计算得出。

从图 6.11 和图 6.12 可以看出,由于天线上的两个馈源之间的相关性水平非常低,因此分集增益非常高。对于同极化设计,基于累计概率函数和基于相关性的分集增益(平均)差异为 0.76dB;而对于交叉极化设计,该值为 0.103dB。这说明无论是基于累计概率函数还是基于相关性的方法,都可获得一致的结论。此外,基于相关性的结果也证实了基于累计概率函数测量结果的准确性和合理性。本节证明了具有密集馈源且无法利用空间分集技术的小型天线可以在 MIMO 应用中发挥作用。

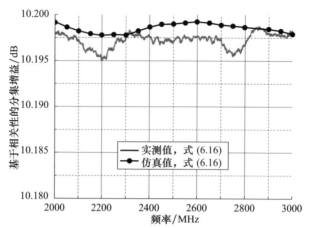

图 6.11 同极化 PIFA 基于相关性的实测和仿真分集增益
（注：采用选择式合并）

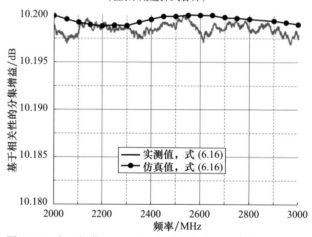

图 6.12 交叉极化 PIFA 基于相关性的实测和仿真分集增益
（注：采用选择式合并）

6.6 信道容量

信道容量是衡量每秒通过一赫兹带宽无线电信道的最大比特量,也称频谱效率[1]。利用式(6.3)得到的归一化信道样本,假设接收机具有良好的信道状态信息,从实测信道矩阵得出信道容量为[15]

$$C = \left\langle \log_2 \left\{ \det \left(\boldsymbol{I}_{1 \times 2} + \frac{\text{SNR}}{N_{\text{TX}}} (\boldsymbol{H}_{1 \times 2})(\boldsymbol{H}_{1 \times 2}^{\text{T}}) \right) \right\} \right\rangle \quad (6.18)$$

式中：$\boldsymbol{I}$ 为单位矩阵；N_{TX} 为发射天线数量（这种情况下）；T 为共轭复数转置。

混响室中信道容量和信噪比会随时间衰减,需要对式(6.18)进行平均处理。混响室中的信道容量要在信道的统计分布上取平均[14]。

图 6.13 给出了同极化和交叉极化馈源天线实测 1×2(SIMO)信道容量。图 6.13 中,将测量结果与最大理论容量进行对比。1×2(SIMO)信道的最大理论容量可根据文献[14]计算:

$$C_{1\times 2} = \log_2(1 + \text{SNR}_{\text{TX1\_RX1}} + \text{SNR}_{\text{TX1\_RX2}}) \tag{6.19}$$

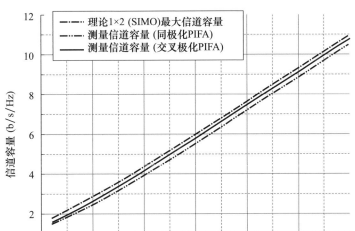

图 6.13　实测和仿真信道容量与信噪比关系曲线

由图 6.13 可知,由于两个馈源间的相关性较低,因此其信道容量较高。交叉极化设计的信道容量略高,这是由于两个天线端口之间的相关性稍微降低,如图 6.9 和图 6.10 所示。

6.6.1　应避免的一般问题:统计差异

文献[15]讨论了式(6.18)中信道容量模型(称为"全相关模型")与另一种"Kronecker 模型"的信道容量的精准性。这两种模型的区别在于信道矩阵的构造——Kronecker 模型依赖协方差矩阵,与本章所采用的方法略有不同。

文献[15]表明两种不同的模型均可以得到相同的信道容量。但当使用小型混响室测试时,在高信噪比和超过 3 根接收天线的情况下,使用这两个模型可能会高估信道容量。原因是测量的信道样本量不满足多变量正态性(multivariate normality,MVN),即测量的信道样本不服从多变量正态分布,这与第 2 章中单天线正态统计模型不一致。

附录 A 对两个接收信道样本的正态性进行了测试,以便提高对图 6.13 中两种设计信道容量估计的置信度。这里需要注意一个小问题,就是需要进行测试以确保不存在统计意义上的明显差异。附录 A 还给出了测试方法,该方法参考了第 2 章中的统计理论。

6.7 嵌入式阵元效率

嵌入式阵元效率为当一个端口被激励且其他未使用端口均端接阻抗匹配负载时的 MIMO 天线效率,可通过 S 参数获得。

此处推导出的效率值是基于总嵌入式辐射效率的,由阻抗不完全匹配导致的失配因子也包括在内。根据文献[14],若分集天线是由损耗较小的材料制成的,则总辐射效率主要取决于激励端口的反射和阻抗匹配终端的功率吸收。

总辐射功率 P_{RAD} 为激励端口 P_{ACC} 的注入功率与阻抗匹配端口中损耗之间的差值。文献[14]给出的双端口网络模型中阻抗匹配端口(端口 2)的损耗功率为

$$\eta_{ABS} = \frac{P_{RAD}}{P_{ACC}} = \frac{1-|S_{11}|^2-|S_{12}|^2}{1-|S_{11}|^2} \tag{6.20}$$

激励端口(假设为端口 1)的注入功率为[14]

$$\eta_{MISMATCH} = 1-|S_{11}|^2 \tag{6.21}$$

总嵌入式阵元效率为[14]

$$\eta_{TOT\_EMBED} = \eta_{ABS} \times \eta_{MISMATCH} = 1-|S_{11}|^2-|S_{12}|^2 \tag{6.22}$$

根据式(6.22),若天线材料的欧姆损耗很小,并且激励端口阻抗匹配良好,总辐射效率主要取决于天线端口之间的互耦强度。互耦越高,其他天线端口的功率损耗就越多,辐射效率就越低。文献[14]还指出,互耦为传统天线阵列的基本问题,若阵元的间距很小(小于 0.5 倍波长),互耦就会严重降低天线阵列的辐射效率[18]。

若考虑欧姆损耗,式(6.22)应增加一个效率因子。在本项研究中,天线是由较大电导率(在 2.45GHz 时导电率约为 5.7×10^7 S/m)的铜材料制成的,因此天线的欧姆损耗会比较小。

图 6.14 和图 6.15 给出了同极化和交叉极化 PIFA 的仿真和实测 S 参数,图 6.16 和图 6.17 给出了实测和仿真嵌入式阵元效率。所有测量参数均在电波暗室中获得,测量中未使用的端口均已端接阻抗匹配负载(在本例中为 50Ω)。

从同极化设计的实测 S 参数[图 6.14(b)]可以看出,天线在中心频率处有较好地隔离($S_{21} \approx -0$)。这足以使两个馈源端口的实测相关性降低到可接受的水平。从中还可以看出,两个天线端口在中心频率处阻抗匹配良好,这意味着由中心频率的阻抗失配而损失的功率比例会相对较小。

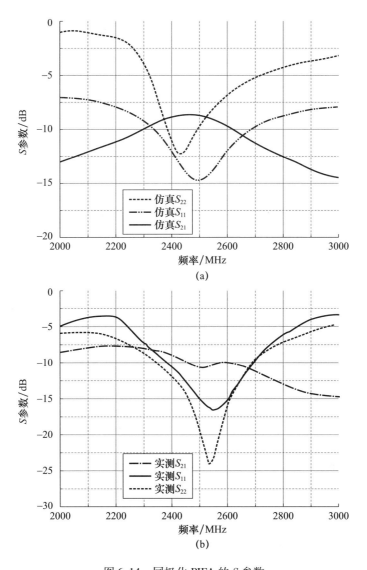

图 6.14 同极化 PIFA 的 S 参数
(a) 同极化 PIFA 的仿真 S 参数;(b) 同极化 PIFA 的实测 S 参数。

从交叉极化 PIFA 的实测 S 参数(图 6.15(b))可以看出,与同极化设计相比,天线在中心频率处的隔离度稍好($S_{21} \approx -12.5\text{dB}$)。可以看到端口 1 的实测数据与中心频率略有偏差,这是由仿真模型和实际天线尺寸差异造成的,实际交叉极化天线是由 3 个独立的部分组合而成,正交馈源的位置不够精确。但在中心频率处,天线的阻抗匹配仍然良好。总体而言,这两种设计都是可以接受的。

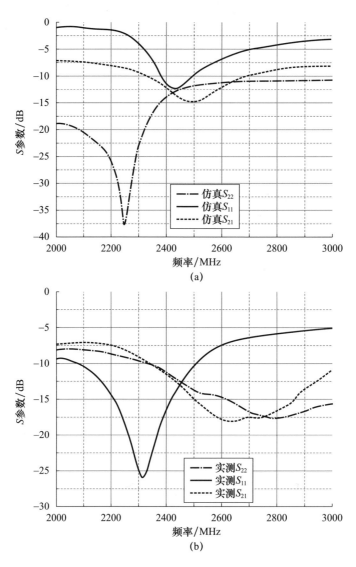

图 6.15 交叉极化 PIFA 的 S 参数
(a)交叉极化 PIFA 的仿真 S 参数;(b)交叉极化 PIFA 的实测 S 参数。

同极化设计的实测和仿真总嵌入式阵元效率(包括匹配损耗)如图 6.16 所示。注意该图对中心频率进行了处理,以便对天线在工作范围内的实测和仿真结果进行对比。可以看出,同极化天线具有很高的效率,在峰值处的实测效率为91%。在峰值及远离峰值处,与仿真结果的吻合度非常好。端口 1 的仿真结果远高于前 200MHz 的实测效率,这是由于仿真模型在频率范围内具有较大的阻抗;相反,由于在该频率范围内阻抗匹配较差,端口 2 的仿真结果远低于实测结果。

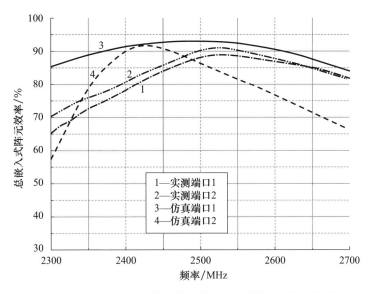

图 6.16　同极化 PIFA 的实测和仿真端口总嵌入式阵元效率

从图 6.17 可以看出,交叉极化天线也具有较高的效率,端口 1 的峰值实测效率为 90%,端口 2 的峰值实测效率为 96%。在中心频率附近及远离中心频率处,与仿真结果的吻合度非常好。端口 1 的仿真结果远低于前 100MHz 的实测结果,这是由于实际天线在该频率范围内具有较大的阻抗;相反,由于在该频率范围内阻抗匹配较好,端口 2 的仿真结果远高于实测结果。总体而言,该吻合度是合理的。若要进行改善,实际天线的物理尺寸尽可能精确。

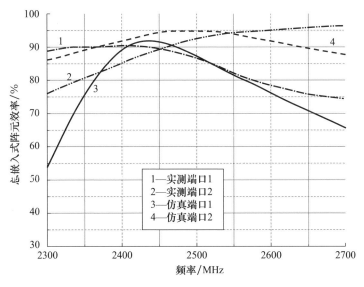

图 6.17　交叉极化 PIFA 的实测和仿真端口总嵌入式阵元效率

151

6.8 传统阵列天线测量

对于不是为MIMO应用而设计的多端口阵列天线,在实际操作中,它们通常以"全激发"方式使用。也就是说,阵列天线效率测量领域中不只有嵌入式阵元效率测量和信道感容量测试。本章其余部分还介绍了为射电天文领域而设计的大尺寸(传统)天线阵列的效率测量方法。

考虑到天线阵列的"全激发"特性,提出了一个新方法来表征其辐射效率。本节待测天线是由曼彻斯特大学的A. K. Brown和Y. Zhang合作设计的天线阵列,简称八角环天线[19]。

待测天线以五阵元的紧凑型双极化孔隙阵列为原型的八角环形设计[19]。天线阵列的设计思路是基于Wheeler[20]提出的电流片阵列(CSA)的理论概念,该设计旨在利用而不是减少天线阵列元件之间的互耦。利用阵元间的互耦合是为了使辐射方向图的旁瓣处于受控状态,这样阵列元件在电气间隔较小的区域中工作会造成互耦很高。这也解释了为什么天线阵列要以"全激发"方式工作。天线阵列中的阵元以三角形方式排列,馈源间水平距离为112mm,垂直间距为55mm。每个天线阵元都包含一个集成的带状线过渡结构,这会造成一些损耗,然而由于集成特性,它为天线阵列的一部分。天线阵列的工作频率为400~1400MHz,整个频率范围由于耦合效应而获得了良好的阻抗匹配。天线阵列尺寸为宽度540mm、高度215mm,从正面到背面金属接地板的距离为105mm。天线阵列的正视图和侧视图分别如图6.18(a)和图6.18(b)所示。

6.9 测量参数

下面将从两部分进行介绍:混响室全激发天线阵列测量参数和功率分配器测量参数。

6.9.1 混响室全激发天线阵列测量参数

搅拌模式为步进搅拌和极化搅拌,每个频点共有718个测量样本。受功率分配器的频率限制,测量频率范围为400~1000MHz,频点为801个,以确保在整个频率范围内,混响室内能够激发足够多的模式。与混响室中标准效率测量步骤一致,首先进行混响室校准。参考天线为性能已知的对数周期天线(Rohde & Schwarz HL223),发射天线是一个自制维瓦尔第天线,工作频率为400MHz~2GHz。

图 6.18 给出了全激发天线阵列测量的试验场景。

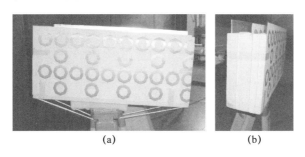

图 6.18　全激发天线阵列测量的试验场景
(a)五阵元八角环天线的正视图；(b)五阵元八角环天线的侧视图。

6.9.2　功率分配器测量参数

为了确定功率分配器的损耗，在露天试验场地进行测试。本研究选用 8∶1 功率分配器(电路型号：ZC8PD1-10-S+)，在 300MHz～1GHz 范围内电压驻波比 VSWR<1.21。图 6.19 给出了功率分配器测量的试验场景。

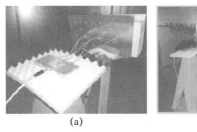

图 6.19　功率分配器测量的试验场景
(a)功率分配器连接；(b)阵列安装。

功率分配器输出端口接有 5 根刚性同轴电缆，分别连接到同等重量的阵列馈源。这使得功率分配器上 3 个端口未被使用。在整个测量过程中，这 3 个未被使用的端口均端接阻抗匹配负载(本例中为 50Ω)。图 6.20 给出了确定功率分配器损耗的测量场景。

需要注意的是，为了准确地推导功率分配器的损耗，在损耗测量过程中，需要在未使用端口上保持相同的阻抗匹配负载，以确保功率分配器的损耗是稳定的。

可以使用矢量网络分析仪测得的 S 参数计算功率损耗值。除测试端口外其他所有输出端口均端接匹配负载，测量公共输入端和一个输出端之间的传输系数 $|S_{21}|$，就能获得五个传输系数。根据下式计算总插入损耗 T_{IL}：

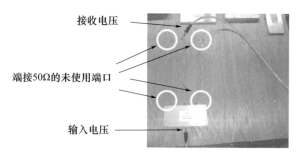

图 6.20 确定功率分配器损耗的测量场景

$$T_{IL}(\text{dB}) = 10\lg\left\{\sum_{m=2}^{6}|S_{m,1}|^2\right\} \quad (6.23)$$

式中:$|S_{m,1}| = V_{R,m}/V_T$;m 分别为 2,3,4,5,6。

6.10 表征方程

功率分配器会导致被测天线阵列的功率损耗。本节提出了去嵌入技术,用来补偿损耗并计算天线阵列的辐射效率。

在标准单端口天线效率测量中,假设发射天线(在本例中从端口 1 激励)阻抗匹配良好,则可根据式(6.24)中的已知功率比 P 计算参考天线和待测天线的功率传递函数:

$$P = \frac{\langle|S_{21}|^2\rangle}{(1-(|S_{22}|)^2)} \quad (6.24)$$

式中:反射系数为在电波暗室中测量的;$\langle\rangle$ 为散射参数的平均值;使用 $(1-(|S_{22}|)^2)$ 项对平均功率传输系数进行归一化处理。

除了式(6.24)之外,在接收侧的电缆之前,功率分配器会引起功率损耗(图 6.19(a))。需引入归一化因子补偿与天线阵列无关的损耗。式(6.24)中的归一化因子变为

$$(1-(|S_{22}|)^2)\cdot(\text{PD}_{\text{Loss}}) \quad (6.25)$$

式中:PD_{Loss} 为式(6.23)中 T_{IL} 的线性形式。

使用相同的方法计算去除含功率分配器影响的天线阵列辐射效率 η_{AUT}:

$$P_{\text{REF}} = \frac{\langle|S_{21\text{REF}}|^2\rangle}{(1-(|S_{22\text{REF}}|)^2)} \quad (6.26)$$

$$P_{\text{ARRAY}} = \frac{\langle|S_{21\text{ARRAY}}|^2\rangle}{(1-(|S_{22\text{ARRAY}}|)^2)\cdot(\text{PD}_{\text{Loss}})} \quad (6.27)$$

$$\eta_{\text{AUT}} = \left\{\frac{P_{\text{ARRAY}}}{P_{\text{REF}}}\right\}\cdot\eta_{\text{REF}} \quad (6.28)$$

式中:下标 ARRAY 和 REF 分别为待测阵列天线和参考天线;η_{REF} 为已知参考天线的效率。

由式(6.26)~式(6.28)可得

$$\eta_{AUT} = \left\{ \frac{\langle |S_{21ARRAY}|^2 \rangle}{\langle |S_{21REF}|^2 \rangle} \cdot \frac{(1-(|S_{22REF}|)^2)}{(1-(|S_{22ARRAY}|)^2) \cdot (PD_{Loss})} \right\} \cdot \eta_{REF} \quad (6.29)$$

天线阵列的总辐射效率为

$$\eta_{TOTAL} = \eta_{AUT} \cdot (1-(|S_{22ARRAY}|)^2) \quad (6.30)$$

由于反射系数是在电波暗室中测得的,故省略了系综平均处理。此外,天线阵列的反射系数应与功率分配器共同测得。由于依次激发的阵元和其他阵元之间的距离会发生变化,因此在每个激发过程中,嵌入式阵元之间的功率损耗都会不同。因此,从嵌入式场景到全激发场景,阵元间的互耦强度也会有所不同。

在这种情况下,嵌入式场景中互耦强度会大幅度降低,造成在整个频带上天线阵列的阻抗失配(这实际上已得到证实)。因此,为了获得所需的阻抗匹配,全激发场景中的耦合强度需要很高。

6.11 测量结果

在本节中,将分别给出功率分配器和天线阵列的测量结果。

6.11.1 功率分配器测量结果

图 6.21 和图 6.22 分别给出了 6.9.2 节中功率分配器 5 个馈源的实测传输系数,以及线性和分贝刻度表示的总插入损耗。

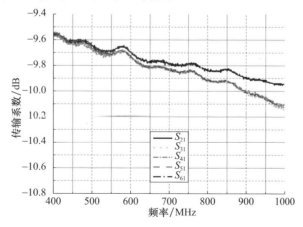

图 6.21 (见彩图)功率分配器传输系数与频率的关系曲线

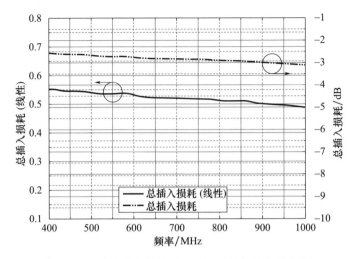

图 6.22 功率分配器总插入损耗与频率的关系曲线

图 6.22 的线性值是由式(6.29)计算出的去除功率分配器影响的天线阵列辐射效率。

6.11.2 天线阵列测量结果

图 6.23 和图 6.24 分别给出了天线阵列的反射系数和辐射效率。从图 6.23 可以看出,当天线工作于全激发模式时,在整个工作频带的阻抗匹配良好。充分验证了设计者"利用互耦"的理念。

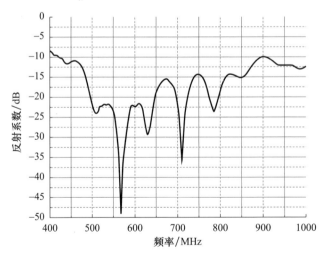

图 6.23 含功率分配器的五元件八角环天线测得的反射系数

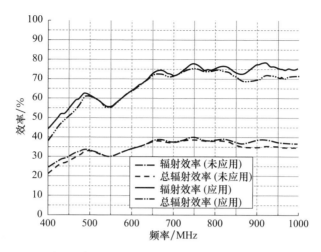

图 6.24 （见彩图）应用/未应用去嵌入技术的实测天线阵列的辐射效率

图 6.24 给出了应用去嵌入技术和未应用该技术的实测辐射效率的对比结果。可以看出,该技术对于天线辐射效率的提高作用非常明显。可用于被动式全激发状态下的天线阵列辐射效率测量。

在最初的 300MHz 范围内,互耦强度对天线效率的影响逐渐减小。这是由于随着频率的升高,波长逐渐变短,各阵元间的电学尺寸不断增大。

图 6.24 中的测量结果没和仿真结果进行对比,其原因如下。

(1)除非进行特别设置,仿真模型的互耦是基于嵌入式场景的。与全激发模式相比,仿真结果中天线阵列中的互耦强度会被低估。这使阻抗匹配状态改变(从全激发场景到嵌入式场景),由于互耦强度较低,与实测值相比,可以获得较大的辐射效率。

(2)为了获得与实际天线阵列中一致的耦合强度,需要构建大尺寸的天线模型进行仿真评估。从计算效率上讲,具有非常大的挑战性。现有的较小的仿真模型不足以准确表征整个天线阵列中的耦合强度,因此随后的效率仿真结果都可能受到质疑[21]。

6.12 测量不确定度

2.8 节给出了用于混响室测量的不确定度模型和莱斯 K 因子,式(5.9)和式(5.10)定义了标准偏差。为避免重复,此处不再赘述。图 6.25 给出了莱斯 K 因子和天线阵列测量的标准偏差。

从图 6.25 可以看出,测量不确定度较低。较低的莱斯 K 因子说明了测试过程中不存在直接功率耦合分量,且低标准偏差也说明了所选测量步骤和参数是合理的。

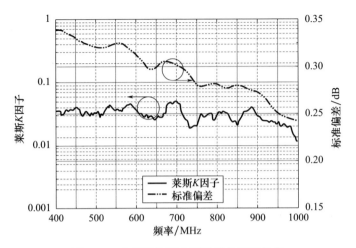

图 6.25 全激励阵列实测结果的不确定度

6.13 小结

本章给出了为 MIMO 应用而设计的多端口天线与为非 MIMO 应用而设计的传统天线阵列之间的区别。对于 MIMO 应用天线,对两种新型单元件双馈源 PIFA 进行了研究与实际验证。尽管这些天线馈源密集,并且没有应用空间分集技术,但它们的性能并没有受到影响,且具有较高的分集增益(接近理论最大值),馈源间的实测相关性非常低,信道容量(频谱效率)非常高,在中心工作频率附近,天线效率也很高。

本章还给出了混响室中多端口天线的测量步骤,测量结果与仿真或理论推导结果对比,一致性非常好。证明天线测试中的试验步骤和参数都是正确的。

对于传统天线阵列,本章提出了 MIMO 应用的多端口天线阵列,用于去除外接功率分配器的影响,并对天线阵列的效率进行计算。事实证明,这种技术原理简单、结果准确且容易实现。该技术为在混响室进行天线阵列测试奠定了良好基础,与其他测量场地相比,混响室的测量技术可以更简单、效率更高,不确定度较低。

本章还介绍了在多端口天线测量过程中应避免的潜在问题,以及应遵循的详细步骤。实际测试过程中要始终注意这些问题。

参考文献

[1] K. Rosengren and P. S. Kildal,'Radiation efficiency,correlation,diversity gain and capacity of a

six-monopole antenna array for a MIMO system:theory,simulation and measurement in reverberation chamber', IEE Proceedings Microwaves Antennas and Propagation, vol. 152, pp. 7 – 16,2005.

[2] P. S. Kildal and K. Rosengren, 'Correlation and capacity of MIMO systems and mutual coupling, radiation efficiency, and diversity gain of their antennas, simulations and measurements in a reverberation chamber', IEEE Communications Magazine, vol. 42, pp. 104 – 112, December 2004.

[3] R. G. Vaughan and J. B. Andersen, 'Antenna diversity in mobile communications', IEEE Transactionson Vehicular Technology, vol. 36, pp. 149 – 172, 1987.

[4] P. Mattheijssen, M. H. A. J. Herben, G. Dolmans and L. Leyten, 'Antenna – pattern diversity versus space diversity for use at handhelds', IEEE Transactions on Vehicular Technology, vol. 53, pp. 1035 – 1042, 2004.

[5] B. H. Allen, M. Dohler, E. E. Okon, W. Q. Malik, A. K. Brown and D. J. Edwards (eds.), Ultra – Wideband:Antennas and Propagation for Communications, Radar and Imaging, Chichester: John Wiley & Sons, Ltd, 2007.

[6] H. T. Chattha, 'Planar Inverted F Antennas for Wireless Communications', D Phil Thesis, Departmentof Electrical Engineering & Electronics, The University of Liverpool, 2010.

[7] H. T. Chattha, Y. Huang, S. J. Boyes and X. Zhu, 'Polarization and pattern diversity – based dual – feed planar inverted – F antenna', IEEE Transactions on Antennas and Propagation, vol. 60, pp. 1532 – 1539, 2012.

[8] A. Diallo, C. Luxey, P. Le Thuc, R. Staraj and G. Kossiavas, 'Study and reduction of the mutual couplingbetween two mobile phone PIFAs operating in the DCS1800 and UMTS bands', IEEE Transactions on Antennas and Propagation, vol. 54, pp. 3063 – 3074, 2006.

[9] A. Mak, C. R. Rowell and R. D. Murch, 'Isolation enhancement between two closely packed antennas', IEEE Transactions on Antennas and Propagation, vol. 56, pp. 3411 – 3419, 2008.

[10] C. Shin – Chang, W. Yu – Shin and C. Shyh – Jong, 'A decoupling technique for increasing the port isolationbetween two strongly coupled antennas', IEEE Transactions on Antennas and Propagation, vol. 56, pp. 3650 – 3658, 2008.

[11] W. Jakes, Microwave Mobile Communications, New York: John Wiley & Sons, Inc., 1974.

[12] P. S. Kildal, K. Rosengren, J. Byun and J. Lee, 'Definition of effective diversity gain and how to measure it in a reverberation chamber', Microwave and Optical Technology Letters, vol. 34, pp. 56 – 59, 2002.

[13] P. S. Kildal and K. Rosengren, 'Electromagnetic analysis of effective and apparent diversity gain of two parallel dipoles', IEEE Antennas and Wireless Propagation Letters, vol. 2, pp. 9 – 13, 2003.

[14] P. S. Kildal, Foundations of Antennas:A Unified Approach, Sweden:Studentlitteratur, 2000.

[15] X. Chen, 'Spatial correlation and ergodic capacity of MIMO channel in reverberation chamber', International Journal of Antennas and Propagation, pp. 1 – 7, 2012.

[16] E. Kreyszig, Advanced Engineering Mathematics, 8th ed. :Chichester:John Wiley & Sons, Ltd, 1999.

[17] J. Yang, S. Pivnenko, T. Laitinen, J. Carlsson and X. Chen, 'Measurements of diversity gain and radiationefficiency of the Eleven antenna by using different measurement techniques, 2010 Pro-

ceedings of the Fourth European Conference on Antennas and Propagation (EuCAP), IEEE, 1 April 2010, Barcelona, pp. 1–5.

[18] P. Hannan, 'The element – gain paradox for a phased – array antenna', IEEE Transactions on Antennas and Propagation, vol. 12, pp. 423–433, 1964.

[19] Y. W. Zhang and A. K. Brown, 'Octagonal ring antenna for a compact dual – polarized aperture array', IEEE Transactions on Antennas and Propagation, vol. 59, pp. 3927–3932, October 2011.

[20] H. A. Wheeler, 'Simple relations derived from a phased – array antenna made of an infinite current sheet', IEEE Transactions on Antennas and Propagation, vol. 13, pp. 506–514, 1965.

[21] A. K. Brown, 'Novel Broadband Antenna Arrays', ed. LAPC 2012: IET. tv, 2012.

第 7 章
进一步应用和发展

多年来,世界上已有许多研究团队在理论和实践上对混响室进行了研究。最值得注意的是,美国国家标准与技术研究院(NIST)的研究团队对混响室理论及应用技术进行了大量的基础研究,制定了相关测量方法并探索了应用前景。混响室作为一种测量场地才刚刚起步,并且许多潜在的测试方法和应用场景有待进一步探索和开发。除了前面章节讨论的电磁兼容(辐射发射和辐射抗扰度试验)和天线测量之外,相关文献中还介绍了许多应用场景和技术。本章会介绍一些前面章节中没有涉及的应用和发展前景。研究重点为屏蔽效能测量和天线测量。

7.1 屏蔽效能测量

屏蔽效能(shielding effectiveness,SE)是指在没有屏蔽处理时接收的信号与屏蔽处理后接收的信号的比值,当屏蔽层位于发射天线和接收天线之间时,也可以视为插入损耗。屏蔽层或屏蔽壳体通常由导电材料制成,可以保护其内部设备免受外部电场或磁场的影响,或保护周围环境免受内部电场或磁场的影响。屏蔽效能定义为

$$SE_{dB} = 10\lg\left(\frac{无屏蔽时的功率}{有屏蔽时的功率}\right) \tag{7.1}$$

式中:SE_{dB}的单位为 dB,在实践中需要处理较宽的动态范围。

如果接收的信号不是功率,屏蔽效能为

$$SE_{dB} = 20\lg\left(\frac{无屏蔽时的电压、电流、场}{有屏蔽时的电压、电流、场}\right) \tag{7.2}$$

屏蔽效能一个非常重要的参数,尤其是对于电磁兼容。屏蔽壳体不一定是箱式的,也可以是电缆屏蔽结构或通风窗。与屏蔽效能相关的标准有 IEC 61000 - 5 - 7[1]和 IEC 61587 - 3[2]。

IEC 61000-5-7[1]给出了10kHz~40GHz频率范围内屏蔽壳体抗电磁干扰防护等级的性能要求、试验方法和屏蔽效能等级。测量屏蔽效能的目的是得到屏蔽壳体能够提供的电磁屏蔽量值，以便在进行相关测试时，用整个组合结构可接受的辐射强度进行测试。该标准提供了一种重复性较强的方法，用于评估机械外壳（包括机箱和分机柜）的电磁屏蔽性能，并给出分类等级以供制造商选择。制造商确定设备和外壳屏蔽应用该标准时，要充分考虑到各类电磁干扰[雷电和高空电磁脉冲（HEMP）]的抗扰度要求，从而选择合适的屏蔽壳体。

IEC 61587-3[2]给出了30MHz~3GHz频率范围内机箱和分机柜的电磁屏蔽性能试验要求，并规定IEC 60297和IEC 60917系列机箱或机柜的屏蔽性能等级取决于其对电磁辐射的衰减值。根据机箱或机柜的典型工业应用场景的要求来选择屏蔽性能等级。该标准允许为实现电磁兼容而进行改进，但不能取代屏蔽壳体的最终测试。2013年，颁布了IEC 61587-3第二版替代了2006年颁布的第1版。与第1个版本相比，该版本进行了一些技术性修订，主要技术更改是该版本改正了一些描述性错误，并将屏蔽性能的频率范围扩大到3GHz。

与屏蔽效能相关的另一个主要标准是IEEE 299.1[3]，其详细介绍了如何测量尺寸为0.1~2m的外壳或箱体的屏蔽效能，并给出了许多不同的方法。

一般来说，测量小型外壳的屏蔽效能会比较困难。主要问题是在进行壳体（无论大小）的屏蔽效能时壳体的内部共振。由于屏蔽壳体内部场的共振特性，场具有一定的模式结构。因此，壳体内部的场具有位置分布特性，随测量位置而变化。对于大型壳体可以用两种方法解决此问题：一种是对壳体内不同位置的电磁场进行采样，然后按照文献[3]，对壳体内部场的功率进行平均处理。然而由于在小尺寸壳体中电场探头的移动问题，该方法对于小型壳体是不适用的。另一种是基于嵌套混响室技术（IEC 61000-5-7）[1]，将较小尺寸的混响室放置在较大尺寸的混响室内。如IEC 61000-5-7所述，很难将探头（或天线）放在小尺寸壳体的中心位置处。此外，在小尺寸壳体中使用搅拌器也很困难，在大多数小尺寸屏蔽壳体测量场景中，是无法将小型机械搅拌装置放置在屏蔽壳体内的。

频率搅拌（平均）技术可以克服这些问题（见IEC 61587-3[2-4]）。假设待测屏蔽壳体的物理尺寸很小（线性尺寸小于0.75m），但电学尺寸很大（意味着工作频率足够高）。图7.1给出了该方法的试验装置图，将小型壳体放置在混响室内，未安装机械搅拌器。这种配置实质上就是IEC 61000-5-7中的嵌套混响室。该试验使用3根天线和1台矢量网络分析仪在给定的频率范围内进行扫频测试（天线1和天线2分别连接矢量网络分析仪的发射端口）。由于混响室中的一部分能量会耦合进小尺寸壳体中，导致小尺寸壳体内射频能量进行频率搅拌。从统计学上讲，对于扫描频率带宽上的数据进行平均处理，小尺寸壳体中的所有位置都具有相同的场强度[4]。这就解决了采样位置的问题,无须在小尺寸壳体中设置搅拌器。如文献[5]所述,还可采用外部混响室机械搅拌与频率搅拌相结合的方法,其优点在于耦合进屏蔽层的信号来自不同的入射角,而不仅仅垂直于屏蔽层表面,这样可更接近实际情况。

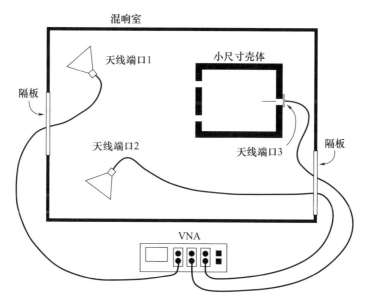

图7.1 使用频率搅拌技术进行屏蔽效能测量
(资料来源:IEEE 299.12013[3],经IEEE许可复印)

实际测量使用图7.1中的设置,将天线1作为发射天线。天线2和小尺寸壳体位于混响室内测试区域,可测得无屏蔽功率和有屏蔽功率,然后使用式(7.1)计算屏蔽效能。实际上,可同时测量这两种功率,若混响室被充分搅拌(机械搅拌、频率搅拌或两者混合搅拌),天线2接收的功率为无屏蔽功率,天线3接收的功率为有屏蔽功率。需要指出的是,天线2的朝向和放置位置可能会影响测量结果。因此在测量时,小尺寸壳体不应阻挡天线2。此外,由于天线在较宽频带上不可能与馈线完全匹配,因此计算式(7.1)时,必须考虑阻抗失配,此时基于实测 S 参数的屏蔽效能为

$$\mathrm{SE}_{\mathrm{dB}} = \lg\left[\frac{\langle |S_{31}|^2\rangle/(1-\langle |S_{33}|^2\rangle)}{\langle |S_{21}|^2\rangle/(1-\langle |S_{22}|^2\rangle)}\right] \tag{7.3}$$

式中:〈 〉表示系综平均值,在频率搅拌带宽上取平均值(若大混响室中使用频率和机械搅拌的组合,则对搅拌器位置数量取平均):

$$\langle |S_{ab}|^2\rangle = \frac{1}{N}\sum_{i=1}^{N}|S_{ab}(x_i)|^2 \tag{7.4}$$

式中:N 为混合搅拌中频率点数和搅拌器步进位置数之和;a 和 b 为1,2,3;x 为变

量,可以是频率点或搅拌器位置数,取决于所使用的搅拌技术。

图 7.1 中显示的是多端口矢量网络分析仪,但是实际上,使用的是典型的两端口矢量网络分析仪,这意味着需要分别测量天线 2 和天线 3 的接收信号,总测量时间会延长 1 倍(但两端口矢量网络分析仪比较便宜)。图 7.2 中给出了由文献[5]中带网格和孔隙壳体的屏蔽效能测试结果。使用 4 种不同搅拌技术,频率搅拌和机械搅拌的不同组合见图例。通过对比可以看出,对于小尺寸壳体的屏蔽效能,4 种搅拌技术都能给出相似的结果。较低频率处的屏蔽效能比较高。测量精度不仅取决于测量方法,还取决于连接器或线缆等其他方面。

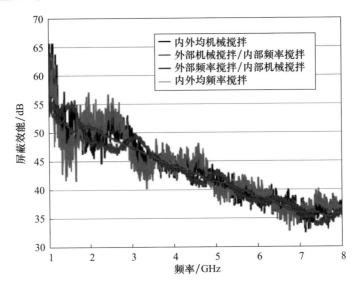

图 7.2 (见彩图)4 种不同搅拌技术测试带网格和孔隙壳体的屏蔽效能
(资料来源:Greco 和 Sarto[5],经 IEEE 许可复制)

本节介绍了标准的屏蔽效能测量方法。需要说明的是,屏蔽效能测量技术是不断发展的。例如,在 1988 年进行的一项早期研究[6]中,小尺寸壳体内的功率电平由放置在壳体内壁上的小型单极探头(或天线)进行监测。相关结果表明,若混响室得到充分搅拌,内壁表面电场的法向分量与其他位置的电场的统计数据相同。因此,只需对小尺寸壳体内电磁场进行充分搅拌(频率搅拌),放置在内壁上的小型单极探头测得的电场与壳体中心位置处电场具有相同的平均功率强度,这意味着图 7.1 中的天线 3 可以位于小型壳体内的任何位置,且不限定为单极子天线。在大尺寸混响室中,可使用机械搅拌或机械搅拌与频率搅拌的混合搅拌技术。实际上同时使用机械搅拌和频率搅拌可以提高测量精度,这已得到验证并被人们广泛接受,其中一些技术已经被各种标准采用。

屏蔽效能测量已经得到了非常充分的研究,但学者们仍在不断努力希望找到更有效的和准确的新技术和新方法。例如，最近报道了一种使用平面波激发的雷达散射截面仿真来确定混响室中屏蔽效能的方法[7]，该方法可能并不实用，甚至还可能有误差（由于使用了不同或错误的屏蔽效能定义，因此获得了负屏蔽效能），但这是一个获得屏蔽效能的有趣角度。

还有学者提出了一种仅使用一副天线就可确定屏蔽效能的新方法[8]。传统意义上，屏蔽效能的测量至少需要2副天线（在电波暗室中）或3副天线（在混响室中，如图7.1所示）。在该文献中，整个测量过程只需要1副天线，无须参考天线。主要思想是通过比较有屏蔽和无屏蔽时的品质因数或衰减时间快速测量屏蔽效能。并与嵌套混响室方法的结果进行对比，可获得很好的吻合度。该方法的主要局限性在于它仅适用于较低屏蔽效能的测试，不能太大，通常小于30dB，否则测量结果将不准确。

本节中的讨论仅针对壳体。在实践中，也会测量某些组件的屏蔽效能，如屏蔽材料、连接器和通风孔。若嵌套混响室方法不适用，则可使用双混响室进行测量。受试材料或设备放置在两个混响室之间。EST-Lingren公司的商用混响室已投放市场。

7.2 无参考天线的天线辐射效率测量

第5章已经定义了天线的辐射效率，并且提出了基于已知天线效率的参考天线法的测量方法。但在实践中可能会出现一个问题，在工作频带上具有已知效率的天线不可用，或校准后天线辐射效率发生改变。因此，需要一种在混响室中测量中天线效率的新方法。

美国国家标准与技术研究院的研究团队提出了一种解决方法，该解决方法于2012年发表[9]。共有3种不同的方法来确定未知天线的辐射效率和总辐射效率，分别是单天线法、双天线法和三天线法。这些方法的基本思想是基于混响室的时域响应，使用基于时域 Q_{TD} 或频域 Q_{FD} 的品质因数计算天线的辐射效率，而不再需要参考天线[9]。

对于单天线法，测量设置如图7.3所示，只需要使用待测天线和矢量网络分析仪（VNA）的1个端口。不需要使用其他天线，因此测量过程更简单。文献[9]表明，可以使用下式计算待测天线的总效率：

$$\eta_{\text{Total}} = \sqrt{\frac{C_{\text{RC}}}{2\omega} \frac{\langle |S_{11_s}|^2 \rangle}{\tau_{\text{RC}}}} \quad (7.5)$$

式中：ω 为角频率；C_{RC} 为混响室常数，$C_{\text{RC}} = \frac{16\pi^2 V}{\lambda^3}$，$V$ 为混响室体积；τ_{RC} 为混响室

时间常数(Q/ω，Q 为混响室品质因数)；$\langle |S_{11_s}|^2 \rangle$ 为混响室内待测天线 S_{11} 的搅拌能量。

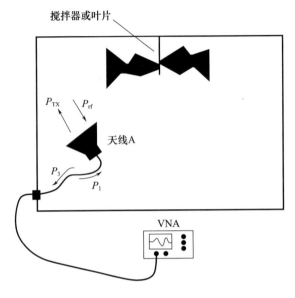

图 7.3 单天线法的测量设置

(资料来源：Holloway 等[9]，经 IEEE 许可复制)

要获得单个天线的总辐射效率，只需测量 $\langle |S_{11_s}|^2 \rangle$ 和 τ_{RC} 即可。辐射效率表达式为

$$\eta = \frac{\eta_{Total}}{1 - |S_{11}|^2} = \sqrt{\frac{C_{RC}}{2\omega} \frac{\langle |S_{11_s}|^2 \rangle}{\tau_{RC}}} \Big/ (1 - |S_{11}|^2) \tag{7.6}$$

双天线法和三天线法的测量过程与单天线法类似，它们也需要测量 $\langle |S_{11_s}|^2 \rangle$ 和 τ_{RC}，主要区别在于对反射到天线的功率与接收的功率之间关系的假设[9]。三天线方法更为通用，不需要这种假设。从图 7.4 可以看出，3 种方法的测量结果趋于一致(最大差异小于 5%)。双天线方法的不确定度最小。

与使用参考天线的方法相比，新方法的主要优点是不需要具有已知辐射效率的参考天线。但必须进行时域校准以获得混响室的时间常数，这是一项耗时的工作。如果混响室的性能、结构、负载没有发生变化，只需对混响室校准一次即可，并且数据可以重复使用。

应该指出的是，对于这 3 种方法，必须满足一个先决条件，即总损耗由混响室决定，天线的损耗不能很大。如果天线损耗很大(辐射效率非常低，这对植入式天线也是如此)，则获得的时域响应不再取决于混响室本身，文献[9]中提出的方法也不再适用。

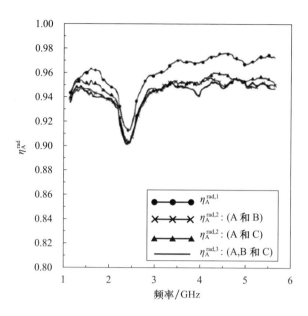

图 7.4 （见彩图）文献[9]中的 3 种不同方法对比

（资料来源：Holloway 等[9]，经 IEEE 许可复制）

为了克服这一限制,有学者提出了一种改进的双天线法[10],其测量装置如图 7.5 所示。

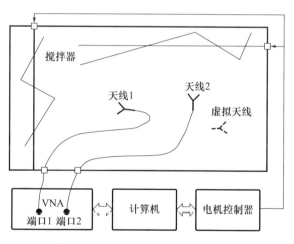

图 7.5 改进的双天线法的测量装置

将传统参考天线法和文献[9]中提出的单天线法相结合,通过引入一副虚拟天线,改进的方法不需要参考天线,且适用于高损耗天线。首先采用单天线法,测得一副高效率天线的辐射效率,再利用增强反向散射效应获得混响室的传递函数,然后使用传统的参考天线法和所获得的辐射效率确定待测天线的辐射效率。整个测量过程需要引入一副虚拟天线(就像传统参考天线法中的参考天线一样)。图7.6给出了验证所提出的方法有效性的对比测试结果。可以看出,对于图7.6(a)中高辐射效率天线,改进方法的结果与文献[9]中的单天线法和双天线法的测试结果几乎相同。但是,对于图7.6(b)中损耗很大的天线,它们的结果差异较大。该方法可以视为文献[9]中的双天线法的通用形式。这种改进方法的主要条件是两根天线中的任意一副必须是有效的,这在实际操作中不是问题。

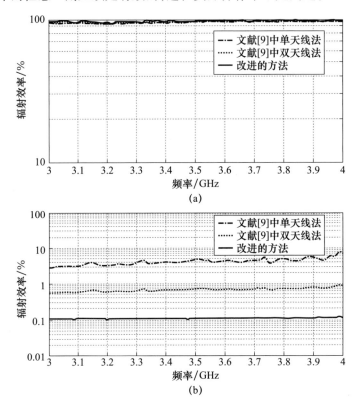

图7.6 与不同衰减器连接的天线辐射效率测量结果
(a)高辐射效率天线的测量结果,接0dB衰减;(b)低辐射效率天线的测量结果,接30dB衰减[10]。

7.3 无参考天线的分集增益测量

对于分集天线和MIMO天线,分集增益是很重要的参数。如第6章所述,分集增益可使用混响室进行测量。除了待测设备外,这种测量的传统方法还需要使用两副附加天线：一副发射天线和一副具有已知辐射效率的参考天线，这也是在实践中需要解决的问题。

文献[11]提出了一种新方法，使用混响室测量分集和 MIMO 天线系统的分集增益。该方法利用待测设备的一个支路作为参考天线，从而消除了对参考天线的要求，只需要一副发射天线。将新方法和传统方法所得结果进行比较，具有很好的吻合度。

有的研究进一步简化测量系统[12]，整个测量过程仅使用待测设备，不需要发射天线和参考天线。这是通过单天线法或双天线法实现的，使用增强后向散射效应测量混响室和虚拟天线的辐射效率[9]。以双端口平面倒"L"天线为例，对该方法的有效性进行评估。图 7.7 给出了两个支路和组合信号的累积分布函数，视在分集增益约为 10.19dB，与其他方法的吻合度非常高。但这种新方法有一些适用条件和局限性，它是基于文献[9]中介绍的单天线法或双天线法。因此必须充分搅拌混响室，且混响室损耗主要取决于混响室内壁损耗（包括负载），如 7.2 节所述。天线阵元之间的互耦必须很低，以确保这种测量方法的准确性。对于大多数分集天线和 MIMO 天线，这两个条件都应该很容易满足。该方法在不影响测量精度的前提下简化了测量系统和减少了测量时间，因此对于分集天线和 MIMO 天线测量来说其是非常有吸引力的方法，更多细节见文献[12]。

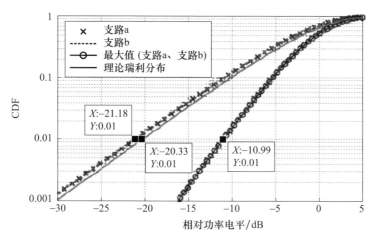

图 7.7　文献[12]中提出的方法测得的两个支路和组合信号的累积分布函数图

7.4　无线设备和系统评估

在过去的 20 年里，无线行业一直在快速发展。已经有许多无线设备和系统进入了我们日常生活中，且会越来越多。这些设备大多数都是针对多径环境开发的，但其实景测试和评估不具有可重复性。而混响室是一个典型可控的多径环境,可以模拟宽带无线电传播信道[13-17],因此人们对使用混响室测试无线设备和系统的性能越来越感兴趣[18-19]。

文献[15]已经证明了可以使用混响室模拟无线传播环境,包括窄带衰落和多普勒扩展等。这些因素对无线信道的质量和接收机解码数字调制信号的能力有很大影响。通过添加吸波材料,可调整混响室内的信道特性,如功率时延谱和均方根(RMS)时延扩展。为了研究混响室布局对无线通信信道质量的影响,在混响室内部对不同的加载、码速和搅拌器转速条件下进行了误码率测量,并将混响室内的测量结果与在实际工业环境和办公室中的结果进行比较。图 7.8 给出了混响室不同加载条件和一家美国炼油厂的实测功率时延谱对比图。从中可以看出,炼油厂环境的功率时延谱与混响室内部具有 3 块吸波材料时测试结果最匹配。

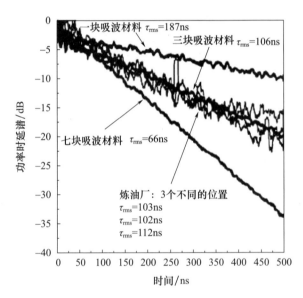

图 7.8 混响室内不同加载条件与一家美国炼油厂的实测功率时延谱对比
(资料来源:Genender 等[15],经 IEEE 许可复制)

混响室逐渐成为一种用于测试无线设备和模拟无线多径环境的场地设施。在无线设备测试领域,表征混响室的常用参数如下。

(1)混响室品质因数 Q;
(2)混响室时间常数 τ_{RC};
(3)时域混响室均方根时延扩展 τ_{rms};
(4)混响室频域传递函数相干带宽(BW)。

第 2 章已经详细介绍了有关 τ_{RC} 和 BW 以及 τ_{rms} 和 BW 之间的解析表达式,且其他文献中也有介绍。但忽略了混响室的早期性能（在混响室达到混响状态之前的性能），因此在分析试验数据时可能会得出不一致的结果。文献[17]讨论了实际混响室中的 BW、τ_{RC} 和 τ_{rms} 之间的关系，并考虑了混响室的早期性能给出了修正表达式。当对比实测数据中的这些参数时，混响室的早期性能至关重要。结果表明，对于不同的混响室（不同的尺寸和负载条件），这些参数之间的关系可能不同。文献[17]中提出的模型可以解释混响室的早期性能是如何影响加载和空载混响室中的这些参数的。

研究表明，通过不同的加载场景，甚至使用信道模拟器，可以利用混响室模拟实际应用中不同类型的无线传播环境。混响室可提供一种可靠的、重复性高的测试环境，与电波暗室或自由空间相比，也可以用作多径无线传播测量领域中非常有效的测试场地。

已经有学者利用混响室进行某些无线系统的性能测试。例如，文献[18]对具有 MIMO 特性的无线局域网的测试就与第 4 章中的测量非常相似，如图 4.9 所示，在大型混响室内部进行了测试，不仅对整个系统的辐射抗扰度进行了评估，还对系统性能进行了测试。在不同加载条件下的设备运行，不同的搅拌器转速可与加载吸波材料的尺寸建立联系。通过对实测数据的处理，评估这种多径环境对系统性能的影响。在相同的混响室加载条件对两种系统进行对比，不断提高测试环境的严苛程度，直至链接极限。结果表明，MIMO 系统具有更好的性能，能够保持 6Mb/s 的数据速率连接，此时混响室品质因数为 21000。

相信在未来的几年里，混响室将逐步应用于无线设备和系统的评估测试领域，并会出台相关的测试标准。信道效应的影响因素不仅包括功率时延谱衰减、时延扩展，还包括多普勒频移等。对于某些应用，需要混响室和先进无线测量设备进行组合测试。

7.5 其他混响室与未来方向

多年来，在混响室中有许多有趣的其他研究，这里仅简要介绍。

7.5.1 混响室形状

目前，几乎所有的混响室都是矩形的，尽管这不一定是理论上最好的外形。在实践中，三角形帷幕由于具有稳定性和易搭性会比矩形帷幕更受欢迎。文献[19]对三角形混响室内部的模式进行了研究，结果表明，使用相同数量的材料建造混响室，其不对称程度越高，混响室中可能存在的模式就越多。因此，对于混响室而言，对称的矩形可能不是最理想的外形。

7.5.2 柔性混响室

目前的问题之一是混响室一般是固定的,不可移动。但是对于无法移动到固定混响室内的受试设备或系统,进行测量和试验时就会很困难,而可移动混响室就是这种应用的理想选择。例如,文献[20]提出了使用导电布(柔性材料)构建一个混响室(形状仍然是矩形,实际上三角形更容易搭建),该混响室没有配备机械搅拌器,可最大限度地利用测试空间,获得了一些有用的结果。

按照类似的思路,Gruden 等[21]提出了将现有房间转换为带有可移动式搅拌器的混响室,可用于智能手机的天线测试。

7.5.3 毫米波混响室

混响室有最低可用频率的限值。但在非常高的频率(如毫米波)下会发生什么?原则上,传统混响室能够正常工作。主要的变化可能是损耗,因为毫米波的趋肤深度比射频和微波的趋肤深度小,且波长也要小得多,因此混响室尺寸可以非常小。文献[22]中做了初步研究,结果表明品质因数在毫米范围内没有增加太多,仿真混响室模型中的损耗几乎没有变化,这一点在小带宽范围的测量得到了证实。需要对毫米波范围内更大带宽条线下的混响室特性进行全面的研究。

7.5.4 未来方向

尽管学者对混响室进行了大量研究,但仍有一些难题尚未解决,例如对于给定的混响室,如何设计优化搅拌器,以获得最大的测试区域和最低可用频率。我们认为,混响室的研究至少包括以下两个相关的方向。

一个是从混响室设计角度对混响室优化(包括搅拌方法)进行研究。源搅拌是一个非常有吸引力的方向,但是用现有的经验很难在实践中实现。

另一个是从应用的角度探索混响室的更多应用。我们认为,在无线设备和系统性能评估领域中的应用将得到不断增长,在毫米波中的应用也将逐渐增多。

7.6 小结

本章讨论了对壳体和材料的屏蔽效能测量,介绍了天线效率测量和分集天线、MIMO 天线测量方面的一些最新进展还简要介绍了一些有关混响室的有趣想法,并预测了混响室的更多应用领域,尤其是在无线设备和系统性能评估中的应用。

参考文献

[1] IEC 61000 Part 5 – 7: Installation and mitigation guidelines – Degrees of protection provided by enclosures against electromagnetic disturbances. 2001.

[2] IEC 61587 – 3: Mechanical structures for electronic equipment – Tests for IEC 60917 and IEC 60297 – Part 3: Electromagnetic shielding performance tests for cabinets and subracks. 2013.

[3] IEEE Std 299.1 – 2013: IEEE standard method for measuring the shielding effectiveness of enclosures and boxes having all dimensions between 0.1 and 2 m. IEEE, October 2013.

[4] C. L. Holloway, D. A. Hill, M. Sandroni, J. M. Ladbury, J. Coder, G. Koepke, A. C. Marvin and Y. He, 'Use of reverberation chambers to determine the shielding effectiveness of physically small, electrically large enclosures and cavities', *IEEE Transactions on Electromagnetic Compatibility*, vol. 50, pp. 770 – 782, 2008.

[5] S. Greco and M. S. Sarto, 'New hybrid mode – stirring technique for SE measurement of enclosures using reverberation chambers', *Proceedings of IEEE Electromagnetic Compatibility International Symposium*, 9 – 13 July 2007, Honolulu, HI, pp. 1 – 6.

[6] M. O. Hatfield, 'Shielding effectiveness measurements using mode – stirred chambers: a comparison of two approaches', *IEEE Transactions on Electromagnetic Compatibility*, vol. 30, pp. 229 – 238, 1988.

[7] R. J. Long and A. S. Agili, 'A method to determine shielding effectiveness in a reverberation chamber using radar cross – section simulations with a planar wave excitation', *IEEE Transactions on Electromagnetic Compatibility*, vol. 56, pp. 1053 – 1060, 2014.

[8] Q. Xu, Y. Huang, et al., 'Shielding effectiveness measurement of an electrically large enclosure using one antenna', *IEEE Transaction on Electromagnetic Compatibility in press*.

[9] C. L. Holloway, H. A. Shah, R. J. Pirkl, W. F. Young, D. A. Hill and J. Ladbury, 'Reverberation chamber techniques for determining the radiation and total efficiency of antennas', *IEEE Transactions Antennas Propagation*, vol. 60, no. 4, pp. 1758 – 1770, 2012.

[10] Q. Xu, Y. Huang, X. Zhu, L. Xin, et al., 'A modified two – antenna method to measure the radiation efficiency of antennas in a reverberation chamber', *IEEE Antennas and Wireless Propagations Letters*, 2015, doi: 10.1109/LAWP.2015.2443987.

[11] Q. Xu, Y. Huang, X. Zhu, L. Xin, et al., 'A new antenna diversity gain measurement method using a reverberation chamber', *IEEE Antennas and Wireless Propagation Letters*, 2015, vol. 14, pp. 935 – 938.

[12] Q. Xu, Y. Huang, X. Zhu, L. Xin, et al., 'Diversity gain measurement a reverberation chamber without extra antennas', *IEEE Antennas and Wireless Propagation Letters*, 2015, doi: 10.1109/LAWP.2015.2417655.

[13] C. L. Holloway, D. A. Hill, J. M. Ladbury, P. Wilson, G. Koepke and J. Coder, 'On the use of reverberation chambers to simulate a controllable Rician radio environment for the testing of wire-

less devices', *IEEE Transactions on Antennas and Propagation*, *Special Issue on Wireless Communications*, vol. 54, no. 11, pp. 3167 – 3177, 2006.

[14] H. Fielitz, K. Remley, C. Holloway, Q. Zhang, Q. Wu and D. Matolak, 'Reverberation – chamber testenvironment for outdoor urban wireless propagation studies', *IEEE Antennas Wireless Propagation Letters*, vol. 9, pp. 52 – 56, 2010.

[15] E. Genender, C. L. Holloway, K. A. Remley, J. M. Ladbury and G. Koepke, 'Simulating the multipathchannel with a reverberation chamber: application to bit error rate measurements', *IEEE Transactions on Electromagnetic Compatibility*, vol. 52, no. 4, pp. 766 – 777, 2010.

[16] P. – S. Kildal, C. Orlenius and J. Carlsson, 'OTA testing in multipath of antennas and wireless devices with MIMO and OFDM', *Proceedings of the IEEE*, vol. 100, no. 7, pp. 2145 – 2157, 2012.

[17] C. L. Holloway, H. A. Shah, R. J. Pirkl, K. A. Remley, D. A. Hill and J. Ladbury, 'Early time behavior in reverberation chambers and its effect on the relationships between coherence bandwidth, chamber decay time, RMS delay spread, and the chamber buildup time', *IEEE Transactions on Electromagnetic Compatibility*, vol. 54, no. 4, pp. 717 – 725, 2012.

[18] R. Recanatini, F. Moglie and A. M. Primiani, 'Performance and immunity evaluation of complete WLAN systems in a large reverberation chamber', *IEEE Transactions on Electromagnetic Compatibility*, vol. 55, no. 5, pp. 806 – 815, 2013.

[19] Y. Huang, 'Triangular screened chambers for EMC tests', *Measurement Science and Technology*, vol. 10, pp. 121 – 124, 1999.

[20] F. Leferink, 'In – situ high field strength testing using a transportable reverberation chamber', *19th International Zurich Symposium on EMC*, 19 – 22 May 2008, Singapore.

[21] M. Gruden, P. Hallbjorner and A. Rydberg, 'Large *Ad Hoc* shield room with removable mode stirrer for mobile phone antenna tests', *IEEE Transactions on Electromagnetic Compatibility*, vol. 55, no. 1, pp. 21 – 27, 2013.

[22] A. K. Fall, P. Besnier, C. Lemoineand R. Sauleau, 'Design and experimental validation of a mode stirred reverberation chamber at millimeter waves', *IEEE Transactions on Electromagnetic Compatibility*, 2014, doi: 10. 1109/TEMC. 2014. 2356712.

附录 A
独立样本数量的计算

本节详细给出如何在混响室内计算非视距条件下的独立样本数量。独立样本数可用于计算测试不确定以及搅拌器效率。

为了计算非视距条件下的独立样本数量,需使用自相关函数。"自相关"可定义为信号与其自身的相关性。

如果每个样本都是线性功率量,则可以找到自相关系数下降到给一定值时的偏移量 Δ,并根据下式确定独立样本数:

$$N_{\text{IND}} = \frac{N_{\text{MEASURED}}}{\Delta} \qquad (A.1)$$

式中: N_{MEASURED} 为测量样本的总数。

假设特定的测量频率有 718 个测量样本量,在一个完整的旋转周期内,从不同搅拌器步进位置处获得所有样本值,并置于一个列向量中。对该列向量进行置换,将原始向量中的最后一个值作为新创建的向量中的第一个值;将原始向量中的倒数第二个值放置在新创建的第三个向量中的第一个位置,以此类推,直到形成 718×718 的矩阵(机械搅拌步进角度为 1°和极化搅拌)。从本质上讲,原始矩阵中的所有值都经过置换形成新向量。

该置换操作的详细信息如下:

$$\begin{cases} x_1, x_2, x_3, x_4, \cdots, x_{N-1}, x_N \\ x_N, x_1, x_2, x_3, x_4, \cdots, x_{N-1} \\ x_{N-1}, x_N, x_1, x_2, x_3, x_4, \cdots, x_{N-2} \end{cases}$$

以此类推,直到所有样本都被置换。

向量置换完成后,就需要找到自相关系数下降到一定值时的偏移量 Δ。偏移量随测量样本总数而变化,不一定用 $1/e = 0.37$ 的标准进行近似计算。0.37 标准仅在样本总量为 450 个的情况下才有效[1]。为了计算偏移量 Δ,可以使用相关性系数 ψ 的理论概率密度函数,如文献[1]和文献[2]所述。在下式中,必须精确地估计 p 值:

$$\psi(r) = \frac{N-2}{\sqrt{2\pi}} \times \frac{\Gamma(N-1)}{\Gamma(N-0.5)} \times \frac{(1-p^2)^{(N-1)/2}(1-r^2)^{(N-4)/2}}{(1-pr)^{N-3/2}} \times \left[1 + \frac{1+pr}{4(2N-1)} + \cdots\right] \tag{A.2}$$

式中：p 为 r 的期望值；Γ 为伽马函数；N 为测量样本的总数；r 可由下式求出：

$$r = \frac{\frac{1}{N}\sum_{1}^{n}(A_{mn}-\overline{A})(B_{mn}-\overline{B})}{\sqrt{\left(\left(\sum_{1}^{n}(A_{mn}-\overline{A})^2/N-1\right)\left(\sum_{1}^{n}(B_{mn}-\overline{B})^2/N-1\right)\right)}} \tag{A.3}$$

式中：A 为原始（未置换）矢量；B 为依次排列的每个置换矢量；mn 为行向量和列矢量；A 和 B 上方的横线为求平均值。

如图 A.1 所示，可清楚地看出式（A.2）的自相关函数的理论概率密度函数。在本例中，假设 p 为 0.4601，样本数为 718 个。

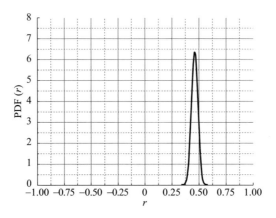

图 A.1　自相关函数的理论概率密度函数

下一步是对概率 α 的推导和零假设的表述。通过对图 A.1 中的概率密度函数进行积分以确定 α，进而确定 r 的发生概率，该概率小于或等于临界值 p_0，则

$$\alpha = \int_{-1}^{P_0} \psi(r)\,\mathrm{d}r \tag{A.4}$$

对理论概率密度函数进行积分，直到 α 达到给定的置信区间[通常为 0.05（置信水平为 95%）或 0.01（置信水平为 99%）]。一旦达到，它将对应于给定的自相关系数。然后对该系数进行测试，并根据文献[1]接受或拒绝该假设。如果 $r \leqslant p_0$，则拒绝该假设。如果是这种情况，则样本服从假设的概率为不大于 α，此时必须重新选择 $p^{[1]}$。一旦找到一个可接受的值，则如图 A.2 和图 A.3 所示，利用该值确定偏移量和式（A.1）中的独立样本的数量。对于 718 个样本量，$p=0.4601$，在 $\alpha=0.01$ 时，得出的临界值 $p=0.394$。

在图 A.3 中可以找到自相关系数临界值 0.394（针对 718 个测量样本推导），也可以找到增量值。

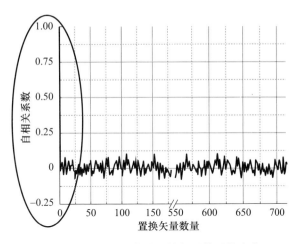

图 A.2　自相关系数随置换矢量数量的变化

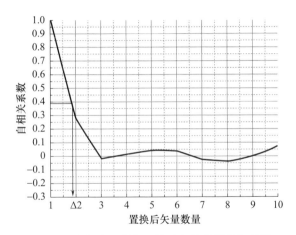

图 A.3　自相关系数与置换后矢量数量的相关性

参考文献

[1] H. G. Krauthauser, T. Winzerling, and J. Nitsch,'Statistical interpretation of autocorrelation coefficients for fields in mode – stiffed chambers', 2005 *International Symposium on Electromagnetic Compatibility*, 2005. EMC 2005, Vol. 2, 12 August 2005, Chicago, IL, pp. 550, 555.

[2] J. R. Taylor, *An Introduction to Error Analysis: The Study of Uncertainties in Physical Measurements*, 2nd ed.: Sauselito: University Science Books, 1997.

[3] 'BS EN 61000 – 4 – 21:2011 Electromagnetic compatibility (EMC). Testing and measurement techniques. Reverberation chamber test methods,' ed, 2011.

附录 B
SIMO 信道的多变量正态性检验

本节主要介绍对实测的单输入多输出(SIMO)的信道样本进行统计测试,以确定它们是否服从正态分布。如第 6 章所述,若样本是正态分布的,则可消除关于高估信道容量带来的潜在不确定度,并且不确定度进一步依赖实测和仿真结果。

与第 2 章中一样,采用 Lilliefors 检验,并与散点图进行比较,以判断是否服从相应分布。在 Lilliefors 检验中,判断 SIMO 信道的样本量是否服从正态分布,置信水平为 95%。该测试测量了测量数据的类分布函数到经验累积分布函数的最大距离,并与具有相同平均值和标准偏差的理论正态分布进行了对比。

图 B.1 给出了同极化 PIFA 馈源 1 的 Lilliefors 检验判决,图 B.2 给出了馈源 1 的散点图,验证了 Lilliefors 检验的结果。

从图 B.1 可以看出,Lilliefors 检验接受了预设假设,样本服从正态分布,且置信水平为 95%。

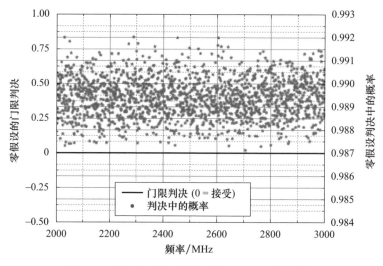

图 B.1 同极化 PIFA 馈源 1 的 Lilliefors 检验判决

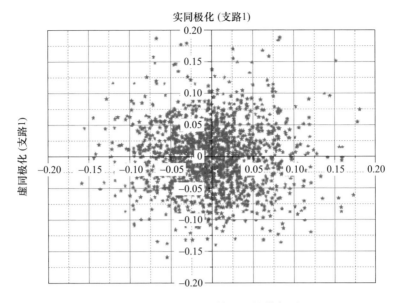

图 B.2 同极化 PIFA 馈源 1 的散点图

从图 B.2 可以看出,绝大多数样本都集中在坐标轴原点位置处(0,0),进一步支持了 Lilliefors 检验的判决结果。图 B.3 和图 B.4 分别给出了同极化 PIFA 馈源 2 的数据图。

同样,在一定置信水平区间内,馈源 2 的测量样本也服从正态分布。图 B.5 和图 B.6 分别给出了交叉极化 PIFA 馈源 1 测得的数据图。

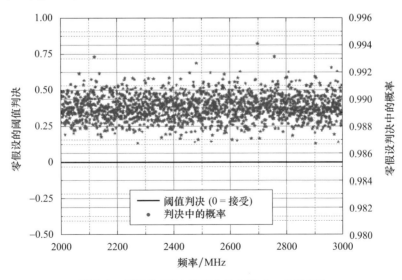

图 B.3 同极化 PIFA 馈源 2 的 Lilliefors 检验判决

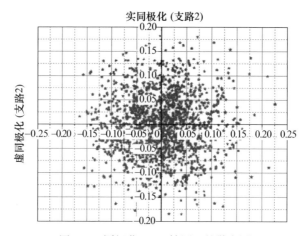

图 B.4 同极化 PIFA 馈源 2 的散点图

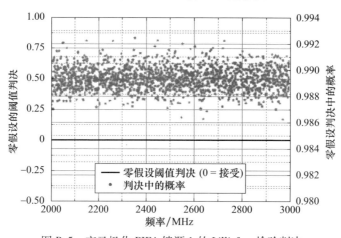

图 B.5 交叉极化 PIFA 馈源 1 的 Lilliefors 检验判决

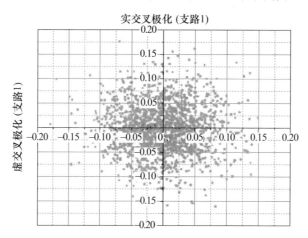

图 B.6 交叉极化 PIFA 馈源 1 的散点图

图 B.7 和图 B.8 给出了交叉极化 PIFA 馈源 2 测得的数据图。

根据本节的研究,可以确定分集增益和信道容量测量中使用的 PIFA 的测量信道样本也是服从正态分布的。关于信道容量的计算,还应当提供置信度,从而使该结果不会因其非正态性而被高估。

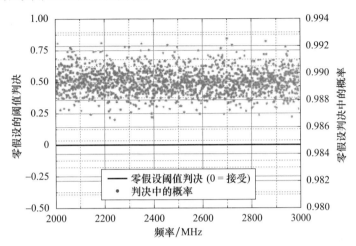

图 B.7 交叉极化 PIFA 馈源 2 的 Lilliefors 检验判决

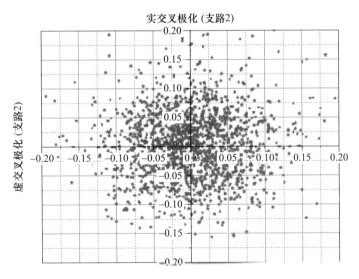

图 B.8 交叉极化 PIFA 馈源 2 的散点图

附录 C
表面电流性质

本节针对机械搅拌器桨叶的设计给出感应表面电流的性质。本节的研究验证了以下结论。

(1) 与标准设计相比,新型搅拌器桨叶上的预留切口可更有效地与具有大波长电磁波(较低频)相互作用。

(2) 新型搅拌器可增加电流路径长度以及谐振能力,两者对整体设计策略都至关重要。

(3) 新型搅拌器能够提供更好的宽带性能,桨叶上的不同尺寸的切口与不同波长的平面波相互作用,可以实现更有效率的搅拌。

(4) 以上(1)~(3)点都考虑到了两个正交极化的情况。

下面,需要进一步解释在桨叶表面预留的切口能够在较低的模式密度下获得较高的搅拌效率的原因。

表面电流是由具有两个正交极化方向的平面波垂直辐照在金属板表面而感应出的。在混响室内,随着搅拌器的旋转,该辐射到搅拌器金属面板上的入射方向会来自多个不同的角度。但这里仅仅是说明该设计思路,并进一步验证该技术。

简洁起见,这里仅给出了频率随相位变化的感应电流的最大值。图 C.1(a)~图 C.1(d)分别给出了标准搅拌器和新型搅拌器在 115MHz 激励电磁波的垂直极化和水平极化时的感应表面电流。搅拌器按全尺寸建模,即与真实混响室中的搅拌器尺寸一致。

图 C.1(a)~(d)中可以清楚地看到预留的切口增加了感应电流路径长度。从标准搅拌器的感应电流图可以看出,在波长较长时,大部分表面感应电流在两种极化方向上主要集中在搅拌器桨叶的外缘周围。这是由于搅拌器桨叶外缘的物理尺寸最大。表面电流似乎也在寻求最大的物理尺寸,以便与桨叶充分相互作用。

在新型搅拌器中,表面电流的整体大小比标准搅拌器高得多,这是由于新型搅拌器比标准搅拌器更容易产生共振状态。可以看出,表面电流主要集中在尺寸较长的切口周围,也就是说这些切口提供了较大波长平面波和搅拌器之间的相互作用机制,鉴于切口的整体尺寸,有助于提高搅拌器在两种极化状态下的搅拌效率,如第3章所示。

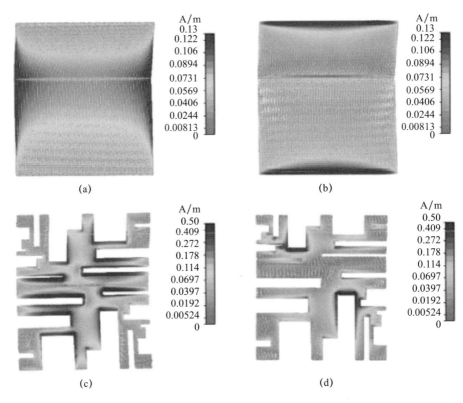

图 C.1 （见彩图）115MHz 时的感应表面电流
(a)标准搅拌器垂直极化;(b)标准搅拌器水平极化;
(c)新型搅拌器垂直极化;(d)新型搅拌器水平极化。

150MHz 时的感应表面电流如图 C.2 所示。

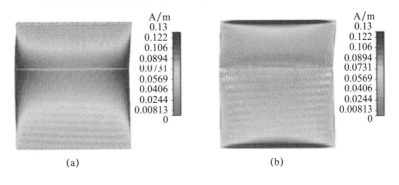

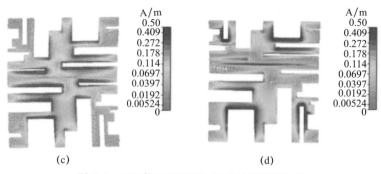

图 C.2 （见彩图）150MHz 时的感应表面电流
(a)标准搅拌器垂直极化；(b)标准搅拌器水平极化；(c)新型搅拌器垂直极化；(d)新型搅拌器水平极化。

从图 C.2 可以看出，标准搅拌器的感应表面电流分布基本相同。也就是说，115MHz 和 150MHz 的感应表面电流强度分布基本相同。然而，当评估新型搅拌器表面电流时，特别是水平极化时，可以看出感应表面电流的性质明显不同，感应表面电流在搅拌器上的分布更加均匀。这说明不同长度的切口可以提供更强的谐振能力，使搅拌器能够与不同波长的平面波充分相互作用。这也为第 3 章的理论思路提供了支持。

图 C.3 给出了 200MHz 时的表面感应电流，400MHz 时的表面电流如图 C.4 所示。

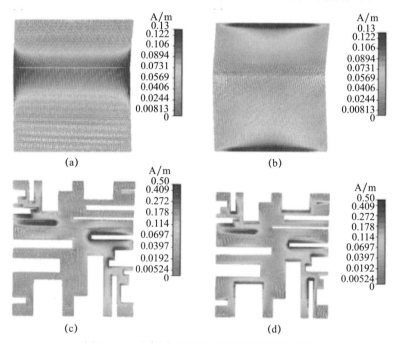

图 C.3 （见彩图）200MHz 时的表面感应电流
(a)标准搅拌器垂直极化；(b)标准搅拌器水平极化；(c)新型搅拌器垂直极化；(d)新型搅拌器水平极化。

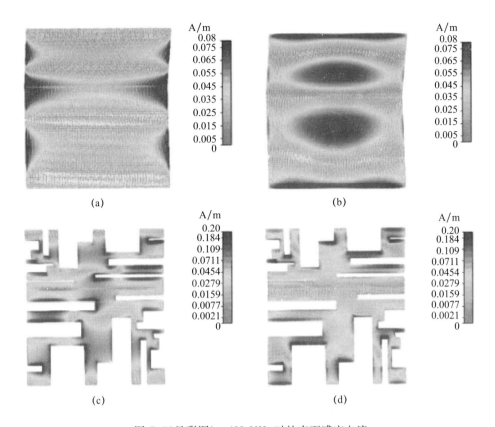

图C.4(见彩图) 400 MHz时的表面感应电流
(a)标准搅拌器垂直极化;(b)标准搅拌器水平极化;(c)新型搅拌器垂直极化;(d)新型搅拌器水平极化。

附录 D
BS EN 61000-4-21 标准偏差

本节给出了 BS EN 61000-4-21 标准中的混响室性能要求。本节中给出的结论为熟悉电磁兼容要求以及本书第 3 章内容相关人员提供说明。关于新型搅拌器的性能,没有附加任何权重,且新型搅拌器对标准偏差的影响不做研究。

图 D.1 和图 D.2 分别给出了配备标准搅拌器的空载混响室内的 3 个独立正交场分量和总电场的标准偏差随频率变化的曲线。实线表示 BS EN 61000-4-21 标准规定的场均匀性限值:标准偏差在 100MHz 以下应低于 4dB,在 100MHz 时应为 4dB,在 400MHz 时应线性递减至 3dB,在 400MHz 以上应低于 3dB。

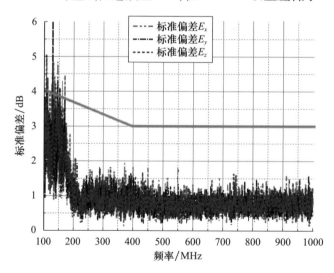

图 D.1 (见彩图)配备标准搅拌器空载混响室内的 3 个独立
正交场分量标准偏差随频率变化曲线

从图 D.1 和图 D.2 中可以看出,配备标准搅拌器的空载混响室在 177MHz 时达到了可接受的均匀性。

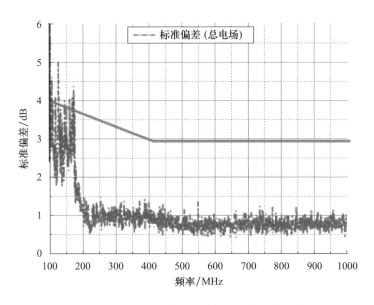

图 D.2 （见彩图）配备标准搅拌器空载混响室内的
总电场标准偏差随频率变化的曲线

接下来，对配备标准搅拌器的加载混响室中电场均匀性进行研究，图 D.3 和图 D.4 分别给出了配备标准搅拌器的加载混响室内 3 个独立正交场分量和总电场的标准偏差随频率变化的曲线。

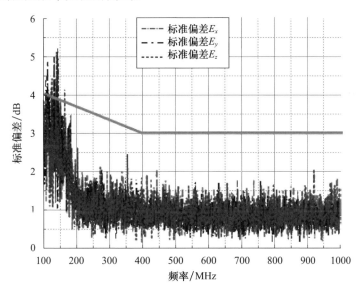

图 D.3 （见彩图）配备标准搅拌器加载混响室内 3 个独立正交场
分量标准偏差随频率变化的曲线

187

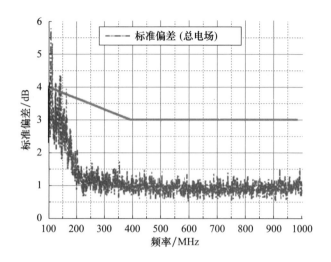

图 D.4　(见彩图)配备标准搅拌器加载混响室内总电场
标准偏差随频率变化的曲线

从图 D.3 和图 D.4 中可以看出,配备标准搅拌器的加载混响室在 170MHz 时达到了可接受的均匀性。图 D.5 和图 D.6 给出了在空载混响室中配备新型搅拌器时的标准偏差。

从图 D.5 和图 D.6 可以看出,配备新型搅拌器的空载混响室在 139MHz 时达到了可接受的均匀性。配备新型搅拌器的加载混响室的性能如图 D.7 和图 D.8 所示。可以看出,在 136MHz 时达到可接受的均匀性。

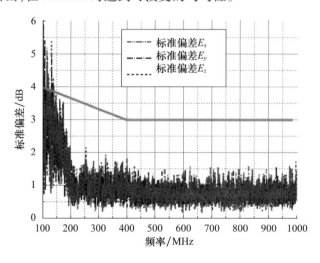

图 D.5　(见彩图)配备新型搅拌器空载混响室内 3 个独立正交场
分量标准偏差随频率变化的曲线

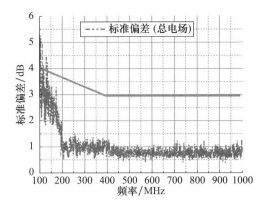

图 D.6 （见彩图）配备新型搅拌器空载混响室内总电场标准
偏差随频率变化的曲线

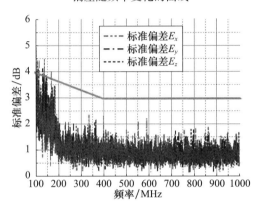

图 D.7 （见彩图）配备新型搅拌器加载混响室内 3 个独立正交场
分量标准偏差随频率变化的曲线

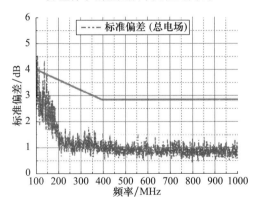

图 D.8 配备新型搅拌器加载混响室内总电场标准偏差
随频率变化的曲线

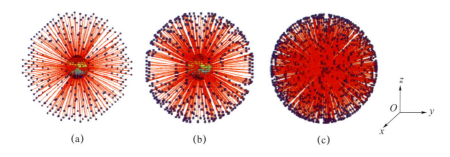

(a)　　　　　　　　　(b)　　　　　　　　　(c)

图 2.10　利物浦大学混响室平面波到达角随频率变化的情况
(a)200～225MHz;(b)400～410MHz;(c)900～905MHz。

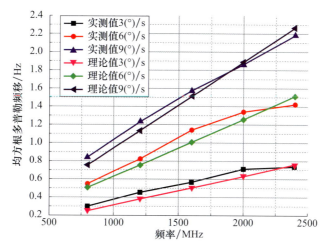

图 2.37　800～2400MHz 的均方根多普勒频移

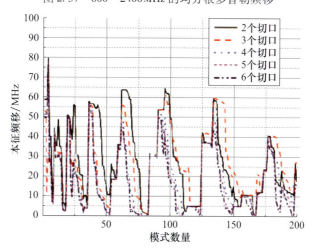

图 3.5　切口数量的本征频移

彩1

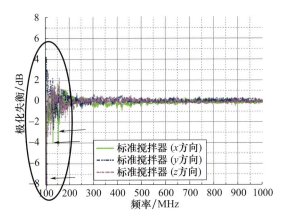

图 3.23 标准搅拌器的极化失衡随频率变化的曲线

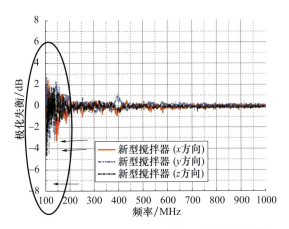

图 3.24 新型搅拌器的极化失衡随频率变化的曲线

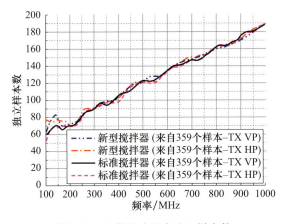

图 3.26 空载混响室中独立样本数

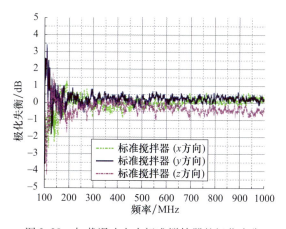

图 3.28　加载混响室中标准搅拌器的极化失衡

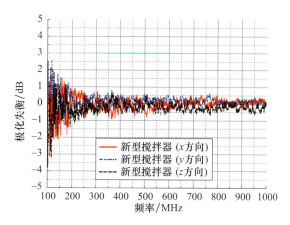

图 3.29　加载混响室中新型搅拌器的极化失衡

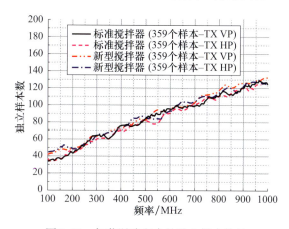

图 3.31　加载混响室中的独立样本数量

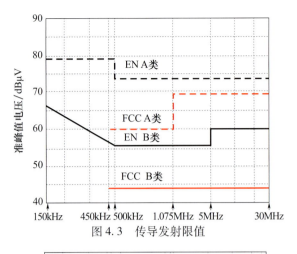

图 4.3 传导发射限值

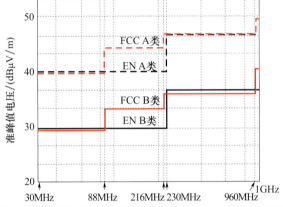

图 4.4 辐射发射限值，归一化 $(1/d)$ 为 10m 的测量距离

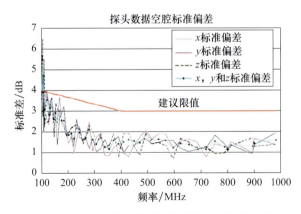

图 4.8 测试区域 8 个顶点位置的电场标准偏差

(资料来源：IEC 61000-4-21 第 2.0 版[3]，©2011 瑞士日内瓦国际电工委员会)

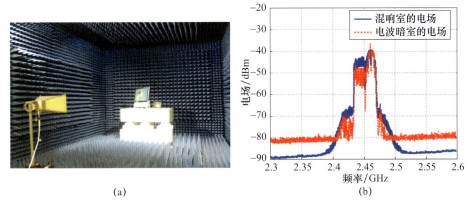

图 4.15 辐射发射测量

(a) 电波暗室中的受试设备；(b) 混响室和电波暗室中实测电场对比。

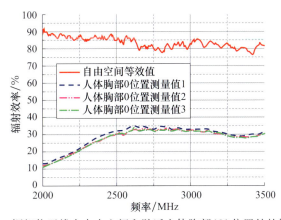

图 5.12 铜织物天线在自由空间和贴近人体胸部(0)位置处的辐射效率

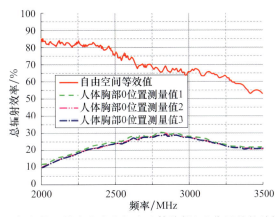

图 5.13 铜织物天线在自由空间和人体胸部(0)位置处的总辐射效率

彩5

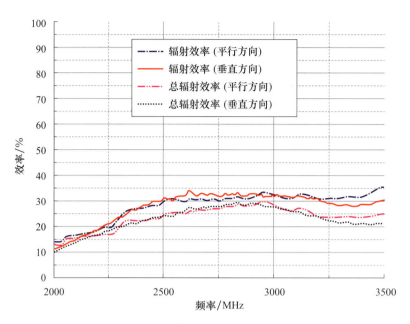

图5.15 平行和垂直人体方向(距离为0)的天线测量结果

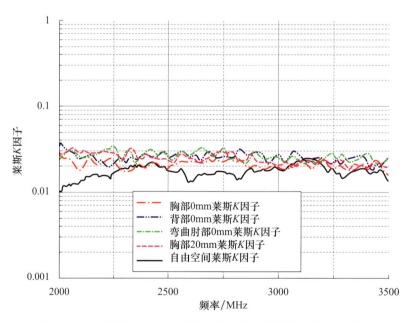

图5.30 单频天线在自由空间和不同人体位置测得的莱斯K因子

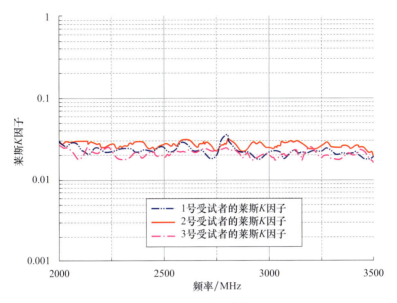

图 5.31 不同受试者的莱斯 K 因子

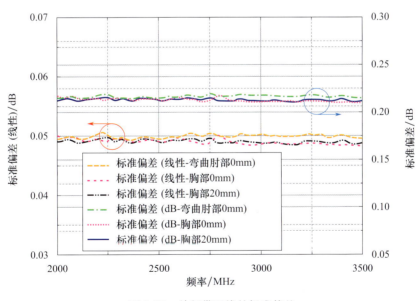

图 5.32 单频带天线的标准偏差

彩7

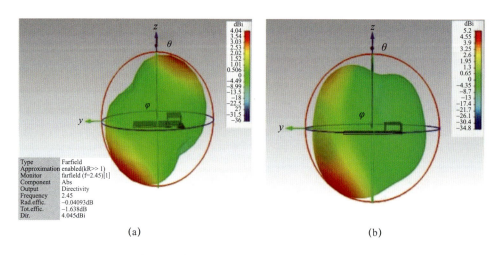

图 6.4 同极化双馈源 PIFA 的三维辐射方向图
(a)馈源 1;(b)馈源 2。

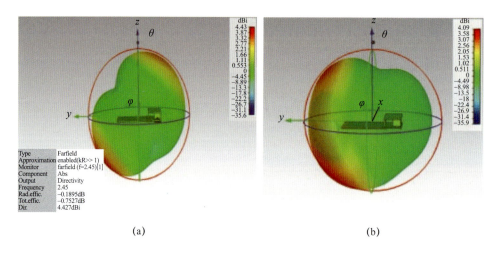

图 6.5 交叉极化双馈源 PIFA 的三维辐射方向图
(a)馈源 1;(b)馈源 2。

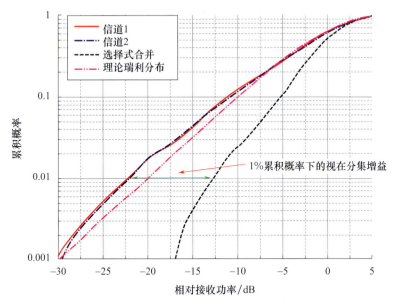

图 6.7　同极化 PIFA 的累积概率函数分集增益

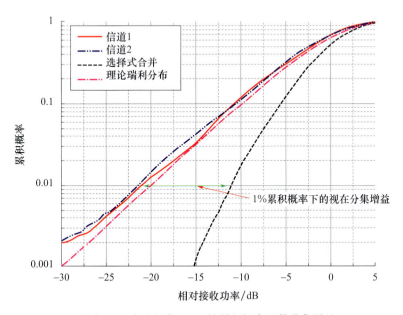

图 6.8　交叉极化 PIFA 的累积概率函数分集增益

彩9

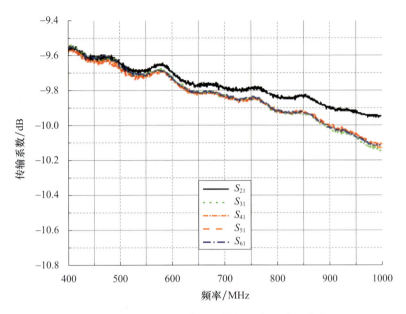

图 6.21 功率分配器传输系数与频率的关系曲线

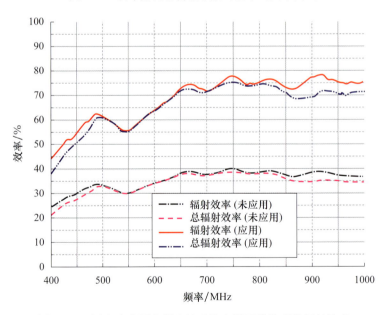

图 6.24 应用/未应用去嵌入技术的实测天线阵列的辐射效率

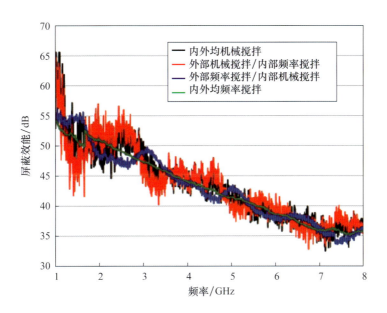

图 7.2 4 种不同搅拌技术测试带网格和孔隙壳体的屏蔽效能
（资料来源：Greco 和 Sarto[5]，经 IEEE 许可复制）

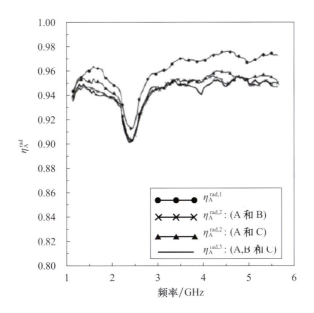

图 7.4 文献[9]中的 3 种不同方法对比
（资料来源：Holloway 等[9]，经 IEEE 许可复制）

彩11

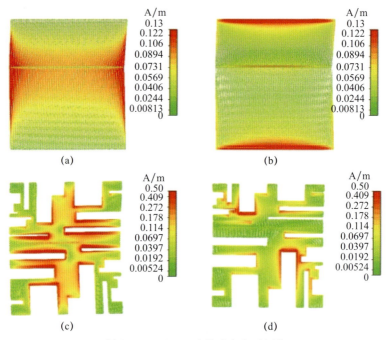

图 C.1　115MHz 时的感应表面电流

(a)标准搅拌器垂直极化;(b)标准搅拌器水平极化;(c)新型搅拌器垂直极化;(d)新型搅拌器水平极化。

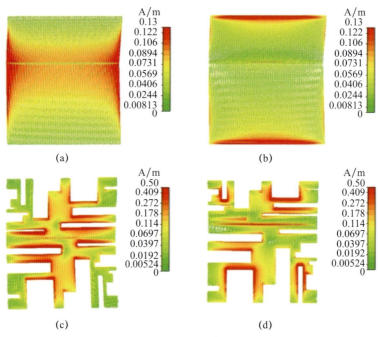

图 C.2　150MHz 时的感应表面电流

(a)标准搅拌器垂直极化;(b)标准搅拌器水平极化;(c)新型搅拌器垂直极化;(d)新型搅拌器水平极化。

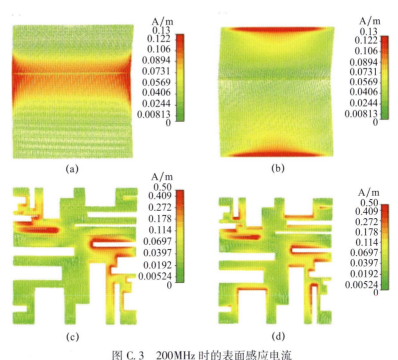

图 C.3　200MHz 时的表面感应电流

(a)标准搅拌器垂直极化；(b)标准搅拌器水平极化；(c)新型搅拌器垂直极化；(d)新型搅拌器水平极化。

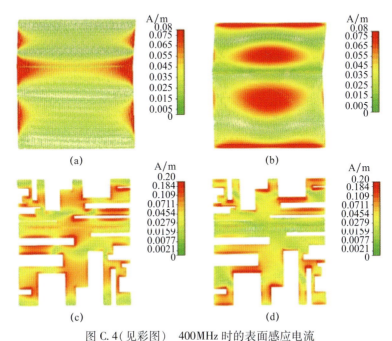

图 C.4(见彩图)　400MHz 时的表面感应电流

(a)标准搅拌器垂直极化；(b)标准搅拌器水平极化；(c)新型搅拌器垂直极化；(d)新型搅拌器水平极化。

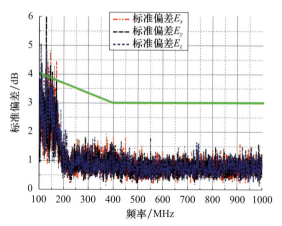

图 D.1　配备标准搅拌器空载混响室内的 3 个独立正交场分量标准偏差随频率变化曲线

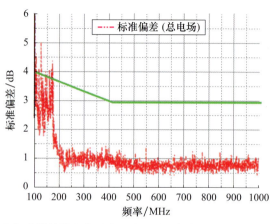

图 D.2　配备标准搅拌器空载混响室内的总电场标准偏差随频率变化的曲线

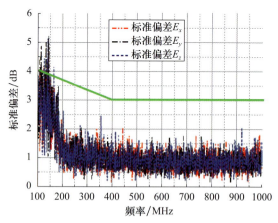

图 D.3　配备标准搅拌器加载混响室内 3 个独立正交场分量标准偏差随频率变化的曲线

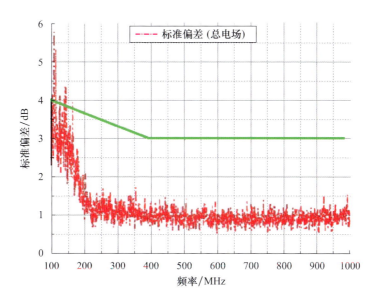

图 D.4　配备标准搅拌器加载混响室内总电场
标准偏差随频率变化的曲线

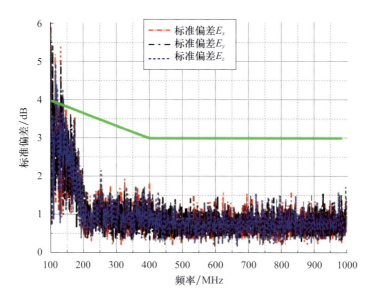

图 D.5　配备新型搅拌器空载混响室内 3 个独立正交场
分量标准偏差随频率变化的曲线

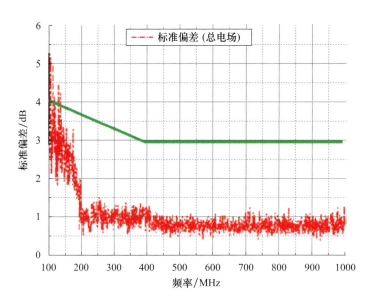

图 D.6　配备新型搅拌器空载混响室内总电场标准
偏差随频率变化的曲线

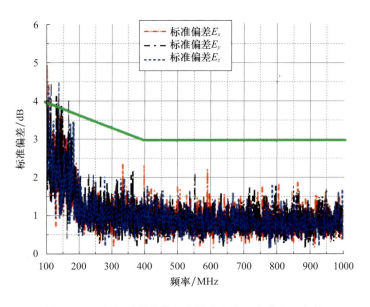

图 D.7　配备新型搅拌器加载混响室内 3 个独立正交场
分量标准偏差随频率变化的曲线

彩16